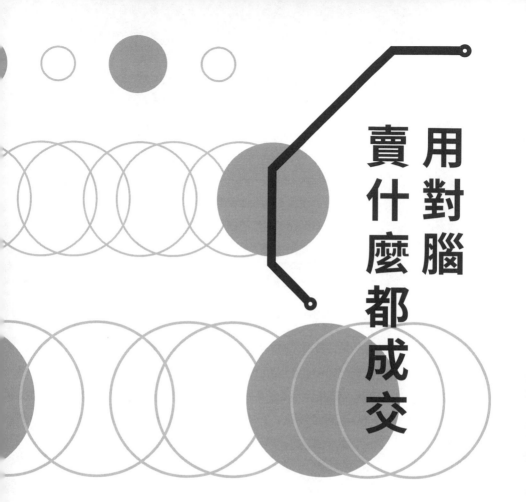

用對腦
賣什麼都成交

孫路弘 著

輕鬆CLOSE訂單的
30條左腦右腦
換位銷售術

L

R

銷售戰裡的「王牌對王牌」

｜王堅志｜福特汽車鑽石級銷售顧問

　　18 年的業務生涯，我是個不折不扣的電影咖與旅遊咖，一年進出電影院百次以上，加上國內外旅遊，加起來也有一個月，很多人都好奇：身為一個超業，哪裡來的時間？我實實在在的告訴你，重點在於……「方法」

　　為何有的銷售人員那麼成功，有的非常努力卻業績平庸？

　　我很喜歡 1995 年的一部電影《英雄本色》，它是描述十三世紀蘇格蘭英雄威廉華萊士（William Wallace），如何帶領蘇格蘭人抗暴的傳奇故事，威廉在不列顛高地上的演說，鼓舞了當時敵眾我寡、士氣低落的蘇格蘭人（至今仍然被列為史詩般的經典演說），我相信當時蘇格蘭的民兵是受此演說的影響而做了衝動的決定，因為大家用了「右腦」來思考。右腦帶給個人的感覺是自我發展與個人動機是廣闊的、長期的，所以我深深相信，威廉華萊士除了是偉大的英雄，更會是激勵人心的銷售高手！

　　上面這部是大成本、大製作的電影，接下來我要跟大家分享的是 1998 年一部成本製作少，卻張力十足的電影《王牌對王牌》（咦……不是要寫推薦序嗎？怎麼介紹起電影來了），由於閱讀本書需要融會貫通的能力，且本書的研究學術理論多，實戰經驗的背景也都在中國大陸，跟很多銷售方面的翻譯書一樣，其所要

闡述的精髓會因為民情略有不同而打了折扣，但是如果你想打的不只是台灣盃、而是亞洲盃、甚至是世界盃，那麼這本書能告訴你「為什麼需要這樣說，客戶才會買單」的理論，而這個理論會讓你為之折服……

如何將銷售這一門學問訴諸四海皆準，唯有數據化、學理化，如此一來銷售道理會變得都是一樣的，就像秦始皇統一了文字跟軌跡，心理學對於談判的著墨與學理化是最深的，1998年的這部電影《王牌對王牌》，描述芝加哥警局最頂尖的人質談判專家丹尼羅曼（山繆傑克遜飾），因為被人完美的設局，涉及了謀殺和盜用公款，在申訴無門的情況下，他被逼上梁山，而另一位談判專家克里斯史賓恩（凱文史貝西飾）與羅曼素未謀面，又如何才能救他一命呢？電影中運用的就是訴諸四海不變的道理。當談判專家對上談判專家，而他們兩位都是這一行中最頂尖的人物，如果你留意到電影中的橋段，有一段對「左右腦」的探討（當人運用想像力與記憶力的時候，表現會有所不同），本片雖然是敘述頂尖談判專家交鋒的電影，但其實仔細想一想，談判不也是銷售的一環？在這部電影，對史賓恩而言，他要面對的羅曼，是一個罪證確鑿、挾持人質的危險綁匪，也是談判高手，更別說是在槍林彈雨的壓力下與之針鋒相對了，我們業務人員何嘗不也是如此嗎？說正格的，看了這部電影之後，讓我在銷售實戰上非常受用！我知道什麼時候客戶用的是想像力（說謊）、什麼時候用的是記憶力（實話）、什麼時候又用上了創造力（從頭到尾唬爛），真心推薦你看完這兩部電影、也實實在在地咀嚼完這本書，你就知道我在跟你說什麼了……

本書背景與結構

本書是基於「中國資深銷售顧問全腦銷售博弈研究」項目組以及作者孫路弘5年來對中國銷售現狀進行深入研究的一本心血之作。「中國資深銷售顧問全腦銷售博弈研究」項目旨在分析和研究在銷售人員的銷售行為中，文化起到了什麼樣的影響？銷售環節以及銷售行為是如何隨著客戶的行為而發生改變的？銷售人員運用左右腦的能力、效果和現狀又是怎樣的？進而全面呈現中國銷售人員的特點以及對市場經濟的影響。

專案背景

在過去5年中，專案組訪談了100位從中國各行業中遴選出的頂級銷售顧問，領域涉及廣泛。並且在5年的時間裡，一直跟蹤他們的業績變化、技巧演變及職業變遷等。同時基於左右腦功能的應用，考察他們在行銷戰場上的表現，也就是「全腦銷售博弈」在行銷中的應用。

專案實施方式

在20個行業中挑選出500名候選者，初步訪談後篩選出250人→做3個月的追蹤→3個月後確定長期追蹤的100人，建立長期檔案→收集銷售日記、產品描述、客戶檔案、競爭環境、成交

價格、利潤比例、銷售提成、售後服務、客戶回饋等10個方面的資料→針對資料，確定就銷售流程的8個步驟展開問卷調查，定量分析銷售環節的作用和影響→在定量分析的基礎上研究定性法則。

什麼是「全腦銷售博弈」？

銷售過程是銷售人員與潛在客戶就各自不同的目的、不同的動機、不同的出發點進行互相交流的過程，透過交流達成雙方一致的交易。

在這個過程中，有時是銷售人員採取主動、有時是潛在客戶採取主動、有時是彼此僵持、有時是愉快合作。總之，銷售過程中充滿了變數，充滿了不確定的潛在發展可能。在這個過程中，銷售人員既可以隨機應變，也可以以不變應萬變。在你來我往的過程中，依靠實力、魅力、能力、影響力等諸多因素，最終構成腦力較量。

這，就是博弈過程。

博弈過程可透過以下象限模型一目了然，並在導讀中以現實案例加以印證。

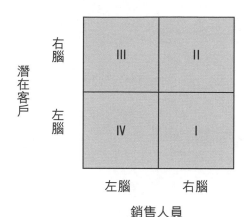

潛在客戶

右腦

III | II

左腦

IV | I

左腦　　　右腦

銷售人員

銷售過程

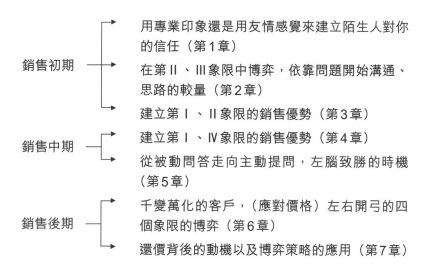

銷售初期 ── 用專業印象還是用友情感覺來建立陌生人對你的信任（第1章）

在第 II、III 象限中博弈，依靠問題開始溝通、思路的較量（第2章）

建立第 I、II 象限的銷售優勢（第3章）

銷售中期 ── 建立第 I、IV 象限的銷售優勢（第4章）

從被動問答走向主動提問，左腦致勝的時機（第5章）

銷售後期 ── 千變萬化的客戶，（應對價格）左右開弓的四個象限的博弈（第6章）

還價背後的動機以及博弈策略的應用（第7章）

打造銷售高手的過程：

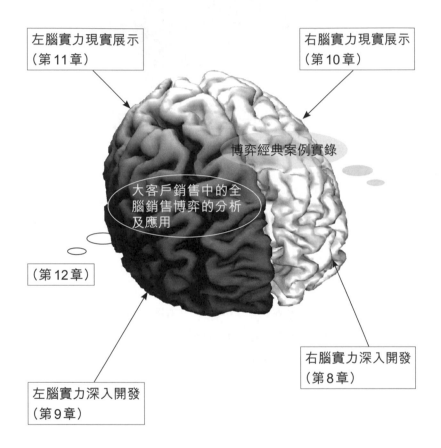

左腦實力現實展示
（第11章）

右腦實力現實展示
（第10章）

博弈經典案例實錄

大客戶銷售中的全
腦銷售博弈的分析
及應用

（第12章）

右腦實力深入開發
（第8章）

左腦實力深入開發
（第9章）

銷售困局的另一個視角

　　銷售這個職業應該是三百六十行中最難以預測的職業之一，同時也是所有職業中隨社會發展而變化最明顯的職業之一。因為，銷售的職業特徵是溝通，而溝通的特徵卻沒有一定的規則，無論在形式上還是在內容上，都充滿了隨機應變的因素。

　　牛津字典中有關「銷售」的定義是這樣的：將某種物品的價值相關資訊傳遞給某人，從而激發這個人購買、擁有或者同意、認同的行為。

　　牛津字典中有關「採購方」的定義是這樣的：某人或者某個組織，只要其有需求和欲望，有可以支付金錢，並且有花錢的意願，那麼這個人或者這個組織就被確認為採購方。

　　銷售人員為了獲得訂單，需要在鎖定的潛在客戶身上下足功夫，從而實現目標──多麼簡單的一句話呀，但是簡單並不等於容易。

　　銷售是一組行為過程，這個過程需要與潛在客戶進行大量的溝通，建立足夠的影響力，才能獲得訂單。而人類的行為過程有著太多的變數，即使是同一個人在同樣的情景下，也可能會說出不同的話。這不同的話的背後真正的目的又是什麼呢？

　　對於銷售人員來說，銷售的目標永遠是一致的，略有不同的

就是銷售的過程，比如說話的方式、展示產品時的手勢等，甚至包括許多微妙的、經常被銷售人員忽略的點滴細節。下面這兩句話就是銷售人員在銷售過程中經常會對客戶講的：

第一句：「我可以用人格擔保，我們的產品品質絕對可靠！」
第二句：「產品品質是否可靠關係到您將來的使用，如果我是您，我也會百分之百地關注產品品質的。」

請讀者降低閱讀速度，重新用你自己的語言來對你身邊的任何人──隨便什麼人──說其中的一句話，然後請他們給這句話打分，分數在1～10分之間。10分意味著他們相信你說的那個產品的品質的確不錯，1分意味著他們不太相信那個產品的品質真的如你所說。

你立刻就會發現，有些人對第一句話給分高，有些人對第二句話給分高。在我們做的實驗中，男性對第一句話給出的分數平均值是28，在我們的銷售信任體系中，這個分數等於不信任。女性對第一句話給出的分數平均值是56，在我們的銷售信任體系中，與這個分數對應的是「不反對，但也不信任，繼續聽」。這是一種**負向強化**結果，因為聽者的心理發展是保持懷疑和警惕性，並繼續審視性地靜觀。

來看第二句話的研究資料，任何人都能立刻發現其中的不同：無論男女，聽到第二句話後給出的分數平均值是69。這是一個中等偏高的信任值，也就是認可銷售人員的話，對介紹的產品質量有一定的信心。這是一種**正向強化**結果，因為聽者的心理發展是接受的態勢，願意對隨後聽到的內容進行正向思考。這兩

句話對潛在客戶有完全不同的影響。你是否決定以後再也不說第一句話，而永遠都說第二句話了？如果你真這樣想，我們祝賀你，你完全有能力透過閱讀本書來提高自己的銷售實力。因為本書是透過訓練大腦的思考方式以及決策方式，來幫助你提高銷售實力。

既然銷售通常就是說話的學問，那麼我們來溫習一下中國的古語。古人云：言者無心，聽者有意。這句話中就含有博弈的色彩，如果用左腦來琢磨這句古語，我們發現，除了古人說的這種可能以外，還有三種可能：一種是言者確實是無心，巧的是聽者也無意，所以一句話說了也就說了，左耳進右耳出（那些計畫花費金錢的客戶恐怕不會這樣）；第二種是言者是有心的，但聽者還是無意，也就是在對牛彈琴，彈琴人會感到沮喪和挫折；第三種是言者是有心的，聽者也領會到了言者之意，這就達到了最佳境界，誰都沒有說什麼但彼此理解，於是哈哈大笑，即所謂的「形成了默契」。請問讀者，如果你是一個銷售人員，在與潛在客戶交往的過程中有這樣的默契境界嗎？

一言以蔽之，「言者無心，聽者有意」可以演變為：言者無心，聽者無意；言者有意，聽者無心；言者有心，聽者有意。

2004 年 2 月，上海東方電視臺有一個訪談節目，採訪了一個三陪女。媒體希望透過這個三陪女對自己生活的描述來警告大眾，那是一條不該踏入的人生道路——無論是有意踏入，還是無意踏入。

訪談中，這個三陪女模樣秀氣斯文，說話歡快清晰，她自我介紹說是大學生，就讀的是酒店管理專業。當主持人問她如何管理好一家四星級酒店，如何利用市場反應來實現管理目標時，

該女生頓時神采飛揚，似乎要將自己所學的都用上一樣。於是主持人接著問：「是否考慮到國外看一看……」還沒等主持人的問題說完，這個女生立刻接上了話：「有的呀，我好想去日本。聽過去的姐妹說，它們的五星級酒店的出檯費是我們上海的5倍呢！」

這是一種什麼樣的對話呢？真的是言者有心，聽者有意，不過準確地說，卻是言者有A心，聽者有B意。請看下圖：

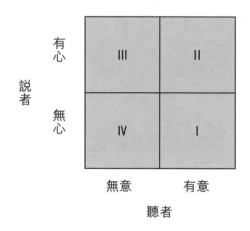

這個圖在自然科學中被稱為象限，是一種快速區分各種可能性的高效工具。有了這個圖，你可以立刻分清，在聽者與說者中所有有意無意、有心無心的對應關係以及可能的結果。這個工具在本書中將有大量的應用。

銷售中有許多困境，有的簡單，有的複雜，套用列夫·托爾斯泰在他的名著《安娜·卡列尼娜》中的名言：「幸福的家庭都是相似的，不幸的家庭卻各有各的不幸。」在銷售領域也有一句

類似的名言：「失敗的銷售案例都是雷同的，成功的銷售案例卻各有各的成功之處。」

在失敗的銷售案例中會發現一個共同的特點，那就是：沒有贏得客戶的信任，沒有準確把握客戶的需求，沒有獲得客戶採購決策團隊的認可。總之，失去客戶的信任是失敗的雷同之一。

然而，在各種成功的銷售案例中，我們發現了許多銷售人員智慧的閃光：他們有的贏得了客戶決策團隊中所有人的信任，有的卻僅依靠兩三個關鍵人物的信任就拿到了訂單；有的並不認識關鍵的採購決策人，卻仍然拿下了巨額訂單；有的透過一次宴請就獲得了關鍵的銷售進展，有的則透過一個巧妙的禮物就獲得了關鍵客戶的承諾；也有的透過一個複雜的應用參觀贏得了合同；有的透過一次系統產品展示贏得了訂單；更有甚者，用一句話就贏得了合約。總之，他們各有各的成功之道。

我們在這裡鄭重申明，這本書不是研究失敗的，而是研究成功的。研究失敗不會給我們任何啟發，研究成功才可以找到路徑。詹姆斯‧柯林斯出版的兩本轟動全球企業管理領域的圖書《從優秀到卓越》、《基業長青》，其研究的主體都是成功的企業。

我們的研究試圖回答兩個與銷售有關的核心問題：

1　為什麼有的銷售人員那麼成功，有的非常努力卻業績平庸？

2　為什麼客戶總是誤解銷售人員說的那些發自肺腑的真誠的話？

這就是研究銷售困局的另一個視角：運用大腦分析那些成功的銷售人員的行為——他們的方式、語言，從而揭示巨額銷售業

績背後鮮為人知的較量和手段，或者說是腦力勞動的智慧結晶。

簡短的序言即將結尾，簡要歸納一下我剛才談到的內容：

1　兩個定義：銷售、採購。

2　一個實驗：兩句話的功效。

3　一個故事：三陪女領悟到的「意」以及主持人表達的「心」。

4　一個象限圖：解釋中國古語。

5　一句名言以及相關的引申。

上述總結也是本書所有內容的呈現形式：有相關的定義，比如大客戶的定義；有實驗項目的介紹，前因後果的分析、法則和觀點；有許多來自銷售一線的故事，栩栩如生，讓你會心一笑；有許多象限圖，透過右腦直觀地看圖會意；也有各種名言的演繹和變形，強化你的右腦，鞏固你左腦的系統知識體系。

本書就是這麼簡單，但肯定是不容易讀的一本書。

強烈建議：閱讀3遍序言與導讀以後，再開始你閱讀第1章的旅途。

在你開始旅途前，記住幾句名言沒有壞處，如同長途跋涉前準備好行囊一樣，你的行囊中應有如下名言：

- 像家人一樣對待朋友，像朋友一樣對待客戶，像客戶一樣思考利益。

- 認真理解這句話：客戶犯錯誤大半在於該用激情時太愛動腦筋，而在該動腦筋的時候太愛動感情。

- 提醒客戶如何看待供應商的瑕疵：不要忘記該記住的

事，也不要記住該忘記的事。

- 提醒客戶如何看待成功：成功是得到你所熟悉的，幸福是熱愛你所得到的。
- 提醒客戶：你必須非常偉大才能購買，但必須購買才能非常偉大。
- 提醒客戶防範你競爭對手的花言巧語：不要讓一個傻瓜銷售吻你，也不要讓一個吻把你變成傻瓜的獵物。
- 牢記潛在客戶的性別是不同的：女人會因為一件東西半價而買下它，男人會因為需要一件東西而出兩倍的價。

目　錄
contents

關鍵時刻用對腦！全腦銷售博弈模型

　　請你先暫停閱讀，我們必須事先提醒你：這本書可能會對你的信念、世界觀以及人生觀產生較強烈的衝擊，如果你是跳過序言直奔而來的，最好現在就停止閱讀。強烈建議，閱讀3遍序言與導讀以後，再開始你閱讀第1章的旅途。

腦神經科學

人類大腦分為左右兩個半球，左半球稱為左腦，右半球就稱為右腦，它們主管的功能有區別。

右腦的功能是感性直觀思維，這種思維不需要語言的加入，主掌管音樂、美術、立體感覺等。而左腦的功能是抽象概括思維，這種思維必須借助於語言和其他符號系統，主掌說話、寫字、計算、分析等。例如，成人嚴重中風，如果病變發生在左腦，往往會造成失語症，會出現部分或完全喪失語言能力的情況，但他卻有意識，能夠理解別人

說的話，只是不能用語言來表達自己的思想。

左腦和右腦的這種優勢不是先天就形成的，它與後天的勞動是分不開的。大多數慣用右手的人左腦半球具有言語優勢，即聽、說、讀、寫的語言能力高度發達。慣用左手的人右腦半球具有非言語優勢，即各種感知高度發達，善於形象思維。左右腦雖然具有各自不同的主要功能，但它們在「工作」時是不能分開的，它們互相協助，共同來反映客觀事物。

工業文明是工程師推動發展的，商業社會是銷售人員推動發展的，高級銷售顧問的工作是值得研究的，對於商業社會來說，銷售人員也是工程師。這是一個態度，也是一種認識，從這個認識出發，我們開始研究中國社會眾多的高級銷售顧問的工作，發現了大量的腦力勞動痕跡。這也是「全腦銷售博弈」理論研究的初衷。

經典對話的演繹

案例1： 我是不是太衝動了？

賓士車行，一位年輕的女士經過與銷售顧問將近一個小時的溝通，對SLK350這款車有了深刻的印象，並表現出足夠的購買欲望。72.5萬元（人民幣）的車預訂要收10%的訂金。在即將簽約的時候，她拿著筆，問銷售顧問：「我是不是太衝動了？才

來一次就決定購買了！」

銷售顧問進入了兩難的境地，如果承認客戶比較衝動，那麼是否意味著客戶應該深思熟慮一下呢？如果否定客戶這是衝動，這不是明顯在與事實衝突嗎？畢竟是久經考驗的優秀銷售顧問，他沉著地回答：「當然是衝動啦！哪個買賓士車的不衝動？賓士就是打動人！您是負擔得起這種衝動的，有多少人有這個衝動卻沒有能力負擔。擁有這款小型跑車是一種豪華的衝動，喜歡才是真的，您喜歡嗎？」

客戶邊聽邊頻頻點頭，連連說對，毫不猶豫地簽了購買合約，支付了訂金。

案例2：多年的關係了，這個條款就改一下吧！

IBM商務代表在與中國某銀行的最後一次會談中聽到了對方的這個要求。

銀行資訊部主任：「您看，我們都談了有半年了吧，不就是20萬嘛，您肯定也有決策權，您讓一步，我讓一步，不就成交了，難道我們還要繼續每天談，再談個半年嗎？」

IBM商務代表的經典回答：「主任，不答應您吧，我們也算是朋友了；答應您呢，IBM這邊我也別幹了，換一個新的商務代表，還得從頭談起。再說，我們都這麼熟了，您也不忍心我離開IBM吧？只要今年過去，我還在IBM，我的薪水就有一個不小的調整幅度，到時候我請客。所以，這個價，您就定了吧，其實您才是有實權的，您說呢？」

一周後，IBM得到了該銀行這個地區全部伺服器的合約，沒有讓價。

案例3： 公司的預算真的不夠，你們也是大企業，能否寬限一下？

面對西門子先進、高效率的流水線設備，梅奧化工這個中國民營企業提出了一個小小的要求：「目前，企業前期投資太大，又碰到央行的宏觀調控（註：中國政府透過各種財政政策或貨幣政策對總體經濟進行調節控管的動作），資金相當緊張。您看，能否將付款期限再延長一次，就3個月，下次絕對不再延長了。」

西門子高級商務代表的經典回答：「宏觀調控的確限制了許多中國企業的現金流，可是西門子也有自己的財務體系，而且都是董事會管理，我也不可能向老闆這樣彙報呀。老闆肯定問我，中國宏觀調控了中國企業，怎麼會與我們有關係？要知道，外國人不懂中國的情況。我有心陳述，替您說話，萬一我的業績沒有了，誰替我說話呢？真不是我不給您面子，實在是都各為其主，我也是沒有辦法。再說，你們上億的項目，怎麼也不缺這100萬元的口呀，您說呢？」

一頓上千的海鮮晚宴、通宵的卡拉OK之後，沐浴著清晨的陽光，西門子拿到了合約中應得的款項支票。

最強銷售法則：左腦計畫、右腦銷售

要透徹瞭解這些經典對話，學習這些經典對話，絕不能只依靠背誦和牢記。任何一位資深的銷售顧問都必須經過理論的打造，指望靠幾個情境對話就達到高手的境界是絕不可能的。對資深銷售顧問「全腦銷售博弈」研究成果的總結，我們列出了30條左腦右腦換位銷售的致勝法則，幫你理解「全腦銷售博弈」的基本原理，助你通向那獨步天下、無往不利的銷售境界。其中象

限圖（見下圖）揭示了「全腦銷售博弈」的核心概念，對象限圖的闡釋將在法則25～28中演繹。全腦銷售博弈的學術說法是左腦計劃、右腦銷售（Left Brain Planning，Right Brain Selling，簡稱LPRS）。

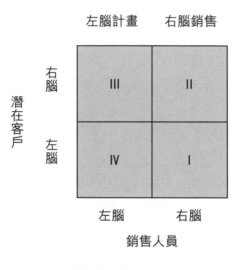

全腦銷售博弈象限圖

30條左腦右腦換位銷售的法則如下

法則1：右腦是對左腦的模擬

- 左腦接受數位資訊，精確、冷靜。
- 右腦接受類比資訊，模糊、熱情。

簡要解釋：我們知道，人類的大腦分為左腦和右腦兩個半

球，右腦是對左腦的模擬。落實到我們的日常生活時，右腦是如何對左腦進行模擬的呢？來看一個生活小片段：當我們看天氣預報對第二天的溫度預測時，是用左腦來接受資訊，並回饋得出第二天是冷還是熱的法則。接受資訊並分析資訊，都是在左腦中進行的。但是，當需要告知他人第二天的天氣情況時，多數人會說：明天比較冷，或者明天比較熱。這個轉述就是一種右腦的模擬法則。具體是冷還是熱，我們沒有用一個量化的數字來表述，而是用模稜兩可的法則來表述冷或者熱。這就是人類左右腦在接受資訊、處理資訊、傳播資訊中經常出現的現象

法則2： 左腦是利益，邏輯線索，理性思維

簡要解釋：人們對數位的思考是透過左腦進行的。因此，涉及每月手機話費的支出、駕駛車輛的油耗，或者當月的電費等，都是透過左腦來進行思考的。當有人來查看電錶計算上個月的用電量時，我們看到39度這個數字，就會立刻回憶上個月家裡都用了哪些電器，並試圖向自己解釋用了這麼多度電的原因。當查看水錶得到用水量為12噸的時候，大腦會採用同樣的路徑：左腦接受了一個數字，並試圖按照邏輯線索來解釋得到這個資料的原因。

如果一個人的左腦不夠發達，在聽到遠遠超出自己平時印象（右腦）中的用水量後，其反應就是衝動的：「你肯定錯了，怎麼會這麼多呢？」因此，擅長用左腦處理資訊並用邏輯線索進行分析的人通常都比較冷靜，我們歸之為理性，也就是客觀地思考利益的方式和方法。

法則3： 右腦是友誼，模糊意識，感性思維

簡要解釋： 右腦對人的行為指令是模糊的，是透過印象來指揮行動的。根據習慣印象來判斷事務的過程，就是右腦主導意識的表現。模糊意識與精確意識是對立的，對一件事務的判斷會採用來自完全對立的兩個方面的方法。

中國女性購車者經常會依靠對銷售顧問的個人印象來決定是否在這個車行買車，這就是一種模糊的決策行為，這種行為歸結於右腦的控制。另外，人們對大品牌的盲目崇拜也是這個道理。例如，人們對某乳品業出現品質問題、對連鎖食品店出現疏忽問題進行質疑，質疑之後的反思就開始有了左腦的意識：在購買產品時不能只依靠印象來決策了。

法則4： 潛在客戶

- 左腦追求產品帶來的利益、企業動機、企業職責，是局限的、短暫的。
- 右腦追求產品帶來的感覺、個人動機、自我發展，是廣闊的、長期的。

簡要解釋： 既然潛在客戶也是人，那麼一定也會有類似的思考方式。潛在客戶對自己企業應該在採購中獲得的利益的一種追求和保障，就是一種責任意識，是左腦思維。左腦對責任有深刻的理解：責任是一系列事情邏輯發展的結果，關注這個邏輯發展的次序及結果是否可以承受，就是一個有責任心的人的思考和行動的習慣，是一種理性決策。

但是，採購的產品也可以帶來一些美好的享受以及一些無法

用精確數字來量化的好處，對這些好處的理解和處理就是由右腦來執行和完成的了。因此，透過採購獲得個人的一些滿足，個人的職業發展以及更加廣泛的影響通常就是右腦的考慮，也通常是非常模糊和感性的。

法則5： 銷售人員

- 銷售中期／左腦進行對產品利益的分析。
- 銷售初期／銷售後期（簽約後期），右腦進行對客戶關係的建立與維護。

簡要解釋：銷售人員在向潛在客戶銷售產品的時候，有3個明顯的階段：銷售初期、銷售中期和銷售後期。在銷售的初期以及後期，銷售人員與潛在客戶試圖建立一種友誼的關係，一種良好的印象，一種無法量化或者無法清楚、明確地表達出來的感覺。也就是說，銷售初期需要建立友好的關係，銷售後期則是憑藉這種友好關係所建立起來的信任來簽約。但是，在銷售的中期往往是潛在客戶深入考察自己利益的時候。在這個時期，銷售人員對產品利益的陳述，需要嚴謹的、有說服力的、有邏輯的、獲得大眾認同的理性論述和數位證明，以及白紙黑字的產品展示等，才可以獲得客戶左腦的理解和認同。因此，銷售中期依靠的是左腦能力。

法則6： 潛在客戶用右腦認識銷售人員，用左腦建立信任

簡要解釋：人們在接觸一個陌生人後決定是否繼續交往時往往憑藉的是經驗，而不是邏輯推理。所以，潛在客戶在認識銷售

人員的初期階段基本上都是憑藉第一印象來決定隨後的交往：印象好，可以交往；印象不好，就不會有融洽的關係。但是，信任是經過思考、檢驗、經過很多預測以及預測應驗後的一種理性法則。「這個人還是挺可靠的」就是一種左腦得到的法則。

法則7： 在沒有事先準備的面對面接觸中，絕大多數人用右腦

簡要解釋：在人類的發展過程中有一個根深柢固的習慣，那就是善於總結。第一次完成一個從來沒有遇到過的事情的時候會思考，透過思考來解決問題。但是，一旦經常遇到類似的問題，人類就會歸納，這樣就不用屢次麻煩地思考了，於是只要以後再次遇到類似的事情就統統採用過去的做法。這就是用右腦的方式。因為，用左腦思考太麻煩了，每次都要這樣思考效率就低了。

所以，在人類進化中如果沒有右腦的概括和模擬，也許發展10億年以後才能具備今天的人類智慧。對人類智慧做出偉大貢獻的學者、科學家、哲學家以及思想家、理論家，其實都在用他們高度發達的左腦邏輯思考來給芸芸眾生一個右腦印象。這些都已經思考好了，不用大家再去思考了，所以，大眾的基本習慣都是右腦方式，而不是左腦方式。

法則8： 在事先充分準備的面談中，在話題預期範圍內你用的是左腦，維持的時間取決於話題在預期範圍內的時間。一旦話題被引導出準備範圍，則再次使用右腦

簡要解釋：根據法則7，一旦超過了事先的計畫和準備，除非受過嚴格的左腦使用訓練的人，否則多數人在應對沒有準備、沒有計劃的話題時，採用的都是右腦來進行談話的。

法則9： 人們擅長在快速的反應中使用右腦，在謹慎的決策中使用左腦

簡要解釋： 人們在遇到別人要求自己簽字的時候，尤其是比較重要的法律檔的簽署中都會用左腦來思考一下邏輯後果，以及可能需要負擔的相應責任。但是，在人們快速的反應中，或者沒有足夠的警惕性的情況下，會使用右腦來判斷。

為什麼許多騙子能得手？就是因為他們利用了人們貪圖小便宜的心態，而小便宜來自右腦的指令。按照左腦思考，人人都知道世界上沒有免費的午餐，但是一旦右腦根深柢固的想法發揮作用——也許我的命運獨特，所以天上還是會掉餡餅的，說不定就掉到了我的頭上呢——騙子的手段由此得逞。

法則10： 左腦是深思熟慮的地方，右腦是現場發揮的地方

簡要解釋： 當人們思考未來的職業發展的時候，思考報考哪個專業的時候；當人們遇到重大的選擇擺在眼前的時候，需要冷靜下來用較多的時間思考的時候，其所表現的形式就是深思熟慮。但是，對於電視節目主持人來說，他們最需要的就是右腦能力，他們要面對大量的沒有預先計畫而發生的意外，因此，右腦實力就非常重要。

法則11： 左腦依靠資訊來決策，右腦依靠感覺來判斷

簡要解釋： 既然左腦是按照邏輯次序來做決策的，那麼就需要根據獲得的資訊，經過多次加工和反覆權衡來決定。與之相反，右腦是依靠模糊的感覺來判斷的。在日常生活中、不經意的接觸中，無法說出這個人好在哪裡，也不知道怎麼就覺得這個人

好了，總之，這個人就是不錯，這就是右腦的感覺來建立對一個人的好感。

法則12： 左腦考慮收益，右腦考慮成本；左腦考慮價值，右腦考慮價格

簡要解釋：收益是需要計算的，是透過多種複雜的資料計算得到的，因此對於收益的考慮幾乎都是左腦的應用過程。但是，人們對成本的印象卻是感性的，無論成本的具體數字是多少，只要提到成本、支出，那麼都是不好的。其實這不過是一種印象，是一種受右腦控制的結果。一句話，左腦考慮可以得到多少價值，右腦聽到價格通常的反應就是太貴。

法則13： 農業文明善於用右腦，缺乏精確的訓練和應用

簡要解釋：人類文明發展的階梯是從農業文明走向工業文明，從工業文明走向資訊化文明。農業文明對天氣的判斷是模糊的，比如「天上魚鱗雲，地上雨淋淋」。什麼樣的雲是魚鱗雲沒有精確的定義，於是就會出現不同的人看同樣的雲會有不同的認識，於是對於是否下雨就會得到不同的預報。再比如，中國的飲食文化博大精深，然而在具體化一道美食的做法中卻充斥著「鹽少許，醋酌情，醬油適量」的描述。這些都是農業文明表現出來的特點。

法則14： 工業文明善於用左腦，缺乏對模糊的控制和應用

簡要解釋：人類文明發展到工業文明後，需要精確的數字，需要知道人體的溫度在正常情況下到底應該是多少。如果無法知

道具體的溫度，而僅僅依靠手的觸摸來判斷是否發燒已經不被接受了。工業文明對時間的要求尤其苛刻，用精確到秒／毫秒的時間測量來控制多種複雜的流程並使之可以同步、可以協調、可以有準確的次序，按照人類的意圖來實現以往從來沒有實現過的登月，或者登陸金星。但是對於中醫來說，工業文明就無法給予解釋了。通常，左腦思考沒有資料可以依據的話，就歸類為藝術，而不是科學。

法則15：資訊化文明是左右腦的高度發達，渾然一體，共同發揮作用

簡要解釋：從農業文明發展到工業文明後的人類，其第三次重大的發展就是資訊化文明。資訊化文明中既有精確的數字，又有對模糊的處理和應對。經濟學中可以被授予諾貝爾獎的卓越貢獻，就是對模糊交易處理能力的一種認知。因此，資訊化文明需要的就是左右腦共同的發展，共同發揮作用。

法則16：銷售人員的左腦能力的內容和水準是可以透過培訓來實現的。相對來說，右腦能力的內容和水準是難以透過培訓來實現的，因此，需要識別銷售人員的右腦水準

簡要解釋：對於銷售人員來說，他們大腦的發展水準決定著企業的銷售業績。因此需要對銷售人員的左右腦能力進行有效的識別，從而決定應該對哪個半球進行強化和密集訓練。但是，對左腦進行訓練相對來說容易一些。而右腦是在人們的成長過程中發展起來的，試圖透過短期的密集訓練來提高右腦水準，不如對左腦進行相同的訓練來得快。

法則 17： 右腦是和溝通表現、處世能力有關

　　簡要解釋： 右腦可以決定銷售人員與客戶的溝通能力、建立關係的能力，也就是為人處世的能力。許多大學生畢業後到企業／機關工作的初期感覺不適應，就是因為在教育體系中缺乏對右腦的系統培訓，人們的右腦水準大都是依靠自我悟性發展起來的。既然腦科學是一門科學，那麼對右腦水準的提高也是有可以借鑒的培訓方法的。

法則 18： 左腦是和思維表現、思考能力有關

　　簡要解釋： 即使在培訓中最應該給予的是邏輯思考的訓練，但由於缺少右腦的同步訓練，從而導致效果也不好。對於許多銷售人員來說，左右腦都需要給予一個嚴格、系統、同步、規範的方法來做一個完整的訓練。只有經過訓練的人才可以開始銷售工作，否則就是對企業的產品不負責任，也是對客戶不負責任。

法則 19： 右腦水準的測量：包括表達能力、處境判斷能力、快速決定能力、實力分布的快速感覺和傾向、衝突中選擇立場的準確性以及速度等

　　簡要解釋： 透過量化的工作可以測量一個人的右腦發展水準，包括表達能力、目前個人處境的判斷能力等。那麼，如何測量右腦能力呢？你的右腦能力是什麼水準呢？在本書第 12 章中有一個專門的測量工具，透過這個測量工具，讀者有機會識別自己左右腦實力平衡傾向，從而有機會制定符合自己全腦銷售能力提高的計畫。

法則20： 左腦水準的測量

包括思考能力、邏輯能力、推理能力、有效陳述表達一個具體事物的能力、語言的結構、語言的準確性、用詞水準、詞彙掌控能力、有效擴展情境片段到一個完整的故事情節的能力

法則21：

潛在客戶容易從右腦開始接觸銷售人員，並在接觸的過程中使用左腦。但是，使用的時間是短暫的，隨後又會轉向右腦，且一般不會再返回到左腦。除非是再次見面，也許會重新用左腦來對話，以及決定話題

法則22：

對銷售人員的挑戰則是不斷透過左腦的嚴密思維，用右腦的形式來感染潛在客戶，並將客戶鎖定在右腦的使用上，從而達到簽單的目的

法則23： 右腦是經驗性的，左腦是知識性的

法則24： 技能是在左腦的基礎上透過右腦來表現

法則25： 象限Ⅰ：銷售人員的右腦對潛在客戶的左腦

簡要解釋：潛在客戶在用理性思考，因此會出現許多對產品，或者對銷售人員代表的企業的實力、品牌，甚至對銷售人員本人產生的異議，這些異議都是基於理性思考。在這個象限中，銷售人員若以右腦應對，試圖模糊化，且無法準確陳述產品帶給

客戶的利益，將無法贏得客戶理性的信任。潛在客戶與銷售人員的關係停留在非常初級的淺層，沒有任何機會深入擴展。

法則26： 象限 II：銷售人員的右腦對潛在客戶的右腦

簡要解釋：雙方關係的建立主要看雙方的閱歷、經歷、敏感性以及感覺能力。任何對細節的感知，包括肢體語言都會產生影響，視覺、聽覺、感覺共同發揮作用。情商高者勝，低者從。高手會讓水準低的一方感覺很舒服，感覺找到了一個知心的人。他們會共同高呼理解萬歲，其實只是一方理解另一方，是水準高的一方對水準低的一方的理解，而不是真正平等的理解。這個象限需要對銷售人員進行情商的培養，但是相當難，因為情商不是一個可以精確描述、測量的有形事物。所以，衡量情商本身依靠的是就情商，故而仁者見仁，智者見智。但是，的確是有高手可以鑑別出來的。對銷售人員的潛力識別就是其右腦水準。

法則27： 象限 III：銷售人員的左腦對潛在客戶的右腦

簡要解釋：一般來說，銷售人員是有計劃、有準備的。於是只要潛在客戶使用右腦，那麼銷售人員將左腦的內容虛化為右腦的內容展示出來，則可以實現有效影響對方的感覺，從而影響他們的決策。

法則28： 象限 IV：銷售人員的左腦對潛在客戶的左腦

簡要解釋：潛在客戶在經過慎重的考慮再次見面的時候，會提出一系列的問題，其中有的是資訊尋找，有的是邏輯思考；有的是感性問題，有的是理性思考，但一般來說理性的居多。

他可能會這樣說：「我的朋友是這方面的行家，所以他建議我要慎重，而且我覺得他說得有道理。」只要提到道理，就說明對方在使用左腦，至少是試圖使用左腦來判斷自己的處境和利益。但是，所有這些思考都不應該超過訓練有素的銷售人員的準備、經驗和產品的相關知識積累，以及以往對各種客戶的體驗。在這種情況下，銷售人員已經晉升到了一個技能階段，是左腦的積累變為右腦的表現，將潛在客戶的左腦思考不知不覺地轉移到右腦，並促使其決策。

法則29： 決策是使用左腦的，但是受到右腦的嚴重影響

簡要解釋： 銷售高手擅長使用左腦計畫來推動所有過程的邏輯發展，並用右腦的形式有步驟地建立起一種氛圍，在一種虛化的感覺中，讓對方採取決策步驟。如果潛在客戶將要做出的決策被銷售人員感覺到不利於己，那麼，銷售人員會採用一些方法來讓潛在客戶理性思考，拖延其決策，從而導致客戶在重新思考後，出現轉機的可能。

法則30：「全腦銷售博弈」對銷售人員管理的三點啟發

簡要解釋： 首先，在挑選銷售人員時，先考慮測量其右腦水準。相對來說，右腦水準是難以培養的，或者需要相當長的時間來培養，導致企業培訓成本提高。

其次，測量銷售人員的左腦水準，以確定其培訓的起點，從而制定有針對性的培訓次序。左腦是容易培養的，透過邏輯訓練可以在一定的時間內達到一個標準水準。

最後，實行左腦培訓，並保持對右腦的測量。這是企業組建

銷售隊伍的最佳方案。

銷售人員的全腦水準測試

以下是對銷售人員的全腦水準分布的測試。請先拿筆記下你選的a、b、c各有幾個，最後再算出分數。

1. 在看一個產品的説明書時，你首先會：
   a 請一個內行人講解一下
   b 按照説明書的指示，多次嘗試來瞭解產品
   c 不用對著產品，看説明書就可以瞭解了

2. 在幫客戶組裝產品時，周圍有環境音樂干擾，此時另外一個客戶來電話，你會：
   a 3件事同時進行
   b 將音樂的聲音減小，但仍然可以接電話，並同時組裝
   c 告訴電話上的客戶，很快就回電話

3. 客戶要來你的辦公室，打電話問你怎麼走，你會：
   a 畫一張標示清楚的地圖給他們，或者請另外一個熟悉的人替你向客戶説明怎麼走
   b 先問他們熟悉附近哪些著名的標誌，然後指示他們該怎麼走
   c 直接解釋並指示他們怎麼走

4. 解釋要銷售的產品或一個重要概念時，你可能會怎麼做：
   a 會利用筆、紙以及手勢等強化你的解釋
   b 口頭解釋以及手勢配合

c 透過口頭就可以解釋清楚了

5 聽了一個清楚的產品講解以後，你通常會：

a 在腦海中回想講解的過程和細節

b 將過程以及具體的細節說給別人聽

c 透過引用講解人的話來強化你的理解

6 在培訓教室中，如果隨意挑選座位，你喜歡坐在：

a 教室的右邊

b 無所謂，哪裡都可以

c 教室的左邊

7 你的朋友在使用一個你熟悉的產品時，出了一些問題，你會：

a 表示同情，並討論使用這個產品的感覺

b 介紹一個你信得過的人協助修理

c 親自動手，試圖修好

8 對於一個電器產品，有人問你用多少伏特電壓時，你會：

a 直接說你不知道

b 思考一下，講出你的判斷

c 迅速說出肯定的答案，並明確說出你的思考過程

9 你找到一個停車位，可是空間很小，必須倒車才能停進去，你會：

a 寧願找另一個車位

b 試圖小心地停進去

c 很順利地倒車停進去

10 你在看電視時電話響了，這時你會：

a 接電話，電視開著

b　把音量轉小後才接電話

　c　關掉電視，叫其他人安靜後才接電話

11　你聽到一首新歌，是你喜歡的歌手唱的，通常你會：

　a　聽完後，你可以毫無困難地跟著唱

　b　如果是首很簡單的歌，聽過後你可以跟著哼唱一小段

　c　很難記得歌曲的旋律，但是你可以回想起部分歌詞

12　你對事情的結局如何會有強烈的預感，是藉著：

　a　直覺

　b　可靠的資訊和大膽的假設，才做出判斷

　c　事實、統計數字和資料

13　你忘了把鑰匙放在哪裡，你會：

　a　先做別的事情，等到自然想起為止

　b　做別的事情，但同時試著回想你把鑰匙放在哪裡

　c　在心裡回想剛剛做了哪些事，藉此想起放在何處

14　你在飯店裡聽到遠處傳來警報，你會：

　a　指出聲音來源

　b　如果你夠專心，可以指出聲音來源

　c　沒辦法知道聲音來源

15　你參加一個社交宴會，有人向你介紹七八位新朋友，隔天你會：

　a　可以輕易想起他們的長相

　b　只能記得其中幾個的長相

　c　比較可能記住他們的名字

16　你的朋友希望購買一台顏色鮮豔的電腦，而你希望他買深色的，你將如何說服他呢？

a 和顏悅色地說出你的感覺

　　b 讓他這次接受你的看法，下一次聽他的

　　c 講明深色的好處，透過事實來說服他

17　在拜訪一個客戶之前，你通常會：

　　a 將計畫的事項寫在紙上，該做什麼一目了然

　　b 思考一下拜訪時要說的、做的就可以了

　　c 在心裡想一下會見到哪些人，會在什麼地方，以及是否
　　　需要投影機等

18　關係融洽的客戶與你商量非業務的事情，你會：

　　a 表示同情，理解他的處境，並給予附和

　　b 出謀劃策，試圖找到恰當的辦法來解決

　　c 直接指明具體的解決方法和途徑

19　兩個已婚的朋友有了外遇，你會如何發現：

　　a 很早就察覺

　　b 經過一段時間後才察覺

　　c 根本不會察覺

20　你的生活態度為何？

　　a 交很多朋友，和周圍的人和諧相處

　　b 友善地對待他人，但保持個人隱私

　　c 完成某個偉大目標，贏得別人的尊敬、名望及獲得晉升

21　如果有選擇，你會喜歡什麼樣的工作：

　　a 和可以相處的人一起工作

　　b 有其他同事，但也保有自己的空間

　　c 獨自工作

22 你喜歡讀的書是：

a 小說、其他文學作品

b 報章雜誌

c 非文學類、傳記

23 購物時你傾向：

a 常常一時衝動，尤其是特殊物品

b 有個粗略的計畫，可是心血來潮時也會買

c 看標籤，比較價錢

24 睡覺、起床、吃飯，你比較喜歡怎麼做：

a 隨心所欲

b 依據一定的計畫，但彈性很大

c 每天幾乎有固定的時間

25 你開始一個新的工作，認識許多新的同事，其中一個打電話
到家裡找你，你會：

a 輕易地辨認出他的聲音

b 談了一會兒話後才知道他是誰

c 無法從聲音辨認他到底是誰

26 和別人有爭論時，什麼事會令你很生氣：

a 沉默或是沒有反應

b 他們不瞭解你的觀點

c 追根究底問問題，或是提出質疑，或是評論

27 你對銷售培訓中嚴格的產品描述訓練的感覺是：

a 覺得描述產品很簡單

b 覺得描述產品很簡單，但是讓客戶明白不容易

c 覺得兩項都掌握得很好，不需要額外訓練

28 碰到固定的舞步或是爵士舞時，你會：

a 聽到音樂就會想起學過的舞步

b 只能跳一點點，大多想不起來

c 抓不準節奏和旋律

29 你擅長分辨動物的聲音，並模仿動物的聲音嗎？

a 不太擅長

b 還可以

c 很棒

30 一天結束後，你喜歡：

a 和朋友或家人談談你這一天過得如何

b 聽別人談他這一天過得如何

c 看報紙、電視，不會聊天

計分方法：

選擇a，＋15分；選擇b，＋5分；選擇c，－5分。

總分在0～180之間：你具備左腦思考能力

總分在150～300之間：你具備右腦思考能力

　　若透過完整的「全腦銷售博弈」訓練，總分應該可以集中在130～210之間，並且在給出明確的面對客戶的特定情景下，能以全腦運用的方式準確引用恰當的博弈方向，提高銷售效率。

經典對話的真相

讓我們重新溫習上述3個案例,探討「全腦銷售博弈」在銷售過程中的應用。

案例1: 我是不是太衝動了?

賓士車行,一位年輕的女士經過與銷售顧問將近一個小時的溝通,對SLK350這款車有了深刻的印象,並表現出足夠的購買欲望。72.5萬元的車預訂要收10%的訂金。在即將簽合約的時候,她拿著筆,問銷售顧問:「我是不是太衝動了?才來一次就決定購買了!」(典型的左腦思維,當面臨決策時,尤其是如此高價產品採購的決策時,難免會動用左腦思考,是否值得。)

銷售顧問進入了兩難的境地,如果承認客戶比較衝動,那麼是否意味著客戶應該深思熟慮一下呢?如果否定客戶這是衝動,這不是明顯與事實衝突嗎?畢竟是久經考驗的優秀銷售顧問,他沉著地回答:「當然是衝動啦!哪個買賓士車的不衝動?賓士就是打動人!您是負擔得起您的衝動的,有多少人有這個衝動卻沒有能力負擔。擁有這款小型跑車是一種豪華的衝動,喜歡才是真的,您喜歡嗎?」(典型的強化右腦,促使潛在客戶繼續使用右腦思考,阻止客戶的左腦進行系統的、邏輯的思維。透過造勢,強化客戶的右腦作用來渲染一種氛圍,在誠意以及扭曲的渲染中引導客戶決策,而這個決策就是典型的右腦決策。)

客戶邊聽邊頻頻點頭,連連說對,毫不猶豫地簽了購買合約,支付了訂金。(這對於因腦力勞動而自豪的資深銷售顧問來

說，難道不是正常的嗎？）

總結：有效判別潛在客戶的左右腦使用情況，並迅速確定潛在客戶的哪個大腦對銷售人員有利，之後決定引導客戶使用那個大腦，並透過有效的左腦計畫（事先的準備和故事集），以及銷售人員右腦基本功，來實現「全腦銷售博弈」的最高境界。

案例2： 多年的關係了，這個條款就改一下吧！

IBM商務代表在與中國某銀行的最後一次會談中聽到了對方的這個要求。

銀行資訊部主任：「您看，我們都談了有半年了吧，不就是20萬嘛，您肯定也有決策權，您讓一步，我讓一步，不就成交了，難道我們還要繼續每天談，再談個半年嗎？」（客戶用右腦來促使銷售人員讓步，這是一種常見的手法。通常在這種情況下，銷售人員會陷入這個左腦境界，思考如何答應對方，或者如何拒絕對方，希望透過邏輯思考以及有說服力的證據來說服對方。其實這是錯誤的。潛在客戶用右腦影響你的時候，也許是你繼續用右腦較量的時候。）

IBM商務代表的經典回答：「主任，不答應您吧，我們也算是朋友了；答應您呢，IBM這邊我也別幹了，換一個新的商務代表，還得從頭談起。再說了，我們都這麼熟了，您也不忍心我離開IBM吧。只要今年過去，我還在IBM，我的薪水就有一個不小的調整幅度，到時候我請客。所以，這個價，您就定了吧，其實您才是有實權的，您說呢？」（完全使用右腦的經典台詞。當潛在客戶用右腦希望得到左腦利益的時候，銷售人員要牢牢記住，堅持用右腦，堅持透過讓步、渲染、示弱等各種右腦策略來奪取影響的主動權。）

一周後，IBM得到了該銀行這個地區的全部伺服器合約，沒有讓價。

總結：左右腦換位思考的「全腦銷售博弈」是一個腦力勞動的最高境界。以往，銷售經理經常發現有一些銷售人員頭腦特別有靈活，而有一些銷售人員反應就是慢，其實說的就是「全腦銷售博弈」中關鍵時刻用對腦的問題。

案例3： 公司的預算真的不夠，你們也是大企業，能否寬限一下？

面對西門子先進的，高效率的流水線設備，梅奧化工這個中國民營企業提出了一個小小的要求：「目前，企業前期投資太大，又碰到央行的宏觀調控，資金相當緊張，您看，能否將付款期限再延長一次，就3個月，下次絕對不再延長了。」（以足夠的左腦分析來影響銷售人員，透過對處境的可以理解的分析讓銷售人員讓步。通常，銷售人員為了不至於損壞未來的關係，不得不答應對方的要求，從而導致自己的企業資金回收遇到問題。其實，這又是一個全腦銷售博弈的經典案例。）

西門子高級商務代表的經典回答：「宏觀調控的確限制了許多中國企業的現金流，可是，西門子也有自己的財務體系，而且都是董事會管理，我也不可能向老闆這樣彙報呀。老闆肯定問我，中國宏觀調控了中國企業，怎麼與我們會有關係？要知道，外國人不懂中國的情況。我有心陳述，替您說話，萬一我的業績沒有了，誰替我說話呢？真不是不給您面子，實在是都各為其主，我也是沒有辦法。再說，你們上億的項目，怎麼也不缺這100萬的口呀，您說呢？」（這是高級的左腦向右腦的轉換，推動客戶的左腦思考向右腦發展。此銷售人員是高度的右腦使用

者，這才是 LPRS 的魅力。）

　　一頓上千的海鮮晚宴、通宵的卡拉 OK 之後，迎接著清晨的陽光，西門子拿到了合約中應該得到的款項支票。（所有請客吃飯的形式都是以右腦控制局面為目的。）

　　在我們的資深銷售顧問「全腦銷售博弈」研究專案中，揭示了大量銷售過程中用腦博弈的各種形式和案例。在隨後的篇章中，我們會陸續透過案例分析來提高銷售人員的用腦實力。

Part. 1

「全腦銷售博弈」:30 條左腦右腦換位銷售法的應用

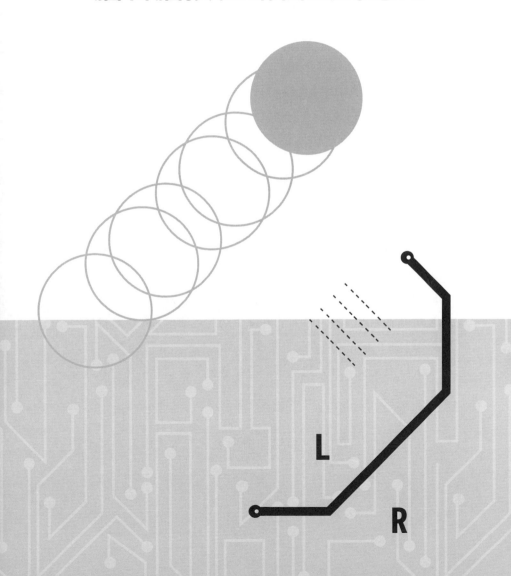

第1章

信任才是
最重要的敲門磚——

初期接觸中的「全腦銷售博弈」

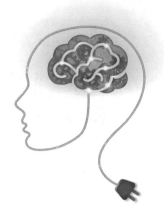

張旭：「您好，王小姐，我是友邦保險的高級顧問，我這裡有一個送給您的獎品，不知道您週末是否有時間，我可以給您送過來？」

王小姐：「你是誰？我的獎品？你是怎麼知道我的電話的？」

張旭：「您的電話是公司內部資料庫中的。這個獎品是很難得的，只占用您15分鐘的時間就行。您看可以嗎？」

王小姐：「什麼獎品呀，到底誰給的你我的電話？對不起，我沒有時間，再說吧！」

即便在面對面的銷售中，類似的情形幾乎每個銷售人員都遭遇過——沒有進行下去的機會。

　　所謂銷售初期，是指與潛在客戶建立初步的聯繫，初次認識、知道姓名、職位、愛好以及潛在需求的最初的時段。

　　本章內容係依據資深銷售顧問「全腦銷售博弈」研究成果：

　　法則6：潛在客戶用右腦認識銷售人員，用左腦建立信任。

　　法則7：在沒有事先準備的面對面接觸中，絕大多數人用右腦。

被拒絕的電話

　　主動出擊開發客戶對銷售人員非常重要，根據大量對資深銷售顧問的研究顯示，在接觸新客戶的最初階段，並不是單純依靠產品知識、權威形象就可以接近客戶的。資深銷售顧問們有一個一致的認同：如果不能取得客戶的信任，銷售根本無法進行下去。

　　張旭是友邦保險公司的高級銷售顧問，他提供了一段保險電話銷售的錄音。

　　張旭：「您好，王小姐，我是友邦保險的高級顧問，我這裡有一個送給您的獎品，不知道您周末是否有時

間，我可以給您送過來？」

王小姐：「你是誰？我的獎品？你是怎麼知道我的電話的？」

張旭：「您的電話是公司內部資料庫中的。不過像您這樣著名的電視節目主持人，有您聯繫方式的人一定很多。這個獎品是很難得的，只占用您15分鐘的時間就行。您看可以嗎？」

王小姐：「什麼獎品呀，到底誰給的你我的電話？對不起，我沒有時間，再說吧！」

隨後掛斷了電話。沒有等張旭說任何話，機會就中斷了。透過這段錄音，張旭說，在最初的階段贏得客戶信任是最關鍵的，並不是承諾給對方什麼好處就可以得到信任。在對大量銷售顧問的研究中我們發現，許多類似的對話，包括面對面的銷售，在銷售初期是大量存在的。

透過全腦銷售博弈訓練，讓「電話」深入下去

我們的研究結果表示：客戶最初與銷售人員接觸時，必定會進行初步的判斷，接觸這個人是否對我有利？他想從我這裡得到什麼？而掌管判斷的是左腦，也就是說銷售人員陌生拜訪或者電話銷售的最初階段遇到的恰好是客戶的左腦。但是，由於判斷是需要大量資訊的，而且在完全不瞭解銷售人員的任何背景和資訊的情況下進行的判斷是不準確的，於是客戶不得不採用右腦來幫助判斷。而右腦是負責籠統地收集資訊，並含糊地進行判斷的。比如對一個陌生人，根據以往的經驗是一定要防範、要有警惕性，否則就容易上當受騙。於是，根據右腦的籠統建議和經驗總

結，儘快結束電話是非常正常的客戶反應。這就是在客戶頭腦中發生的事情。

瞭解客戶頭腦中發生的事情過程後，「全腦銷售博弈」中一個重要的步驟就是順序。銷售人員接觸潛在客戶初期，說話的順序、節奏、內容的漸進等都需要有效應用「全腦銷售博弈」的每一個流程。

針對客戶的左腦，銷售人員應該採用的銷售流程為：

1　挖掘客戶的困難；

2　解釋困難形成的原因；

3　闡明困難存在導致的後果。

針對客戶的右腦，銷售人員應該採用的銷售流程為：

1　我是誰，以及我的專業；

2　我為什麼知道這些困難以及困難形成的原因；

3　我為什麼關注這些困難導致的後果。

採取全腦銷售策略，讓客戶的頭腦發生利於「電話」深入下去的變化。針對客戶的左右腦，銷售人員可以運用以上 6 個流程要素分別達到如下 6 個目的：

目的 1～2：

•左腦：「挖掘客戶的困難」會導致客戶頭腦中產生這樣的變化：對銷售人員講的困難發生興趣，並產生新的疑問，你是怎麼知道我有這些困難和問題的？（關注自己的利益從關注自己的困難出發，左腦思考的邏輯基礎。）

• **右腦**：「我是誰，以及我的專業」的闡述會導致客戶頭腦中產生這樣的變化：因為他從事的職業，所以他瞭解許多客戶都會存在的普遍問題和困難，那麼應該聽聽他是如何解決這些困難的。（關注是否應該信任面前的銷售人員是一種右腦綜合思考的結果，需要銷售人員清晰地解釋對客戶問題的認識，以及有這個認識的原因，讓客戶透過銷售人員豐富的經驗來建立籠統的信任。這是攻克右腦懷疑、防範的重要技巧。）

目的3～4：

• **左腦**：「解釋困難形成的原因」會導致客戶頭腦中產生這樣的變化：這些的確都是我遇到的問題，原來是這樣形成的。既然這個銷售人員知道困難，也知道困難形成的原因，那麼他肯定應該知道如何解決這些問題和困難。（左腦建立信任是一個邏輯過程，銷售人員是透過展示問題、問題的成因以及我是誰來建立客戶左腦邏輯思維判斷上的信任的。）

• **右腦**：「我為什麼知道這些困難以及困難形成的原因」會導致客戶頭腦中產生這樣的變化：因為這個銷售人員的經驗、他在其公司工作的時間，以及他一定曾經解決過許多類似客戶的困難，所以他肯定值得信任。他說的不僅有道理，而且還非常有見解，比別的銷售人員更加專業和權威。（右腦從左腦得到邏輯推理結果以後，迅速下結論。銷售人員成功地完成了信任建立的過程。）

目的5～6：

• **左腦**：「闡明困難存在導致的後果」會導致客戶頭腦中產

生這樣的變化：如果任由這些問題存在下去，那麼我的利益會受到如此巨大的損害。看樣子，真到瞭解決過去存在的問題的時候了。（左腦對自我利益的考慮是，現實受到嚴重的危害時會要求採取行動。感冒咳嗽不會導致病人去醫院，一般會自己解決。但是當有人告訴他，這個咳嗽有可能是非典症狀，又告訴他非典有可能導致死亡的時候，病人採取行動的速度將非常快。這就是左腦利益分析引發的客戶行動。）

● **右腦**：「我為什麼關注這些困難導致的後果」會導致客戶頭腦中產生這樣的變化：這個銷售人員是為我考慮的，不是一味地要推銷他的產品。如果不是他看到並講解了這些現象的後果，我還蒙在鼓裡呢。這個銷售人員真的是關心我、理解我並為我好。（這是典型的右腦結論，這些右腦結論完全基於左腦對自我利益的邏輯思考。右腦需要迅速有一個結論，這個銷售人員是否可信？他的目的到底是什麼？是為了推銷產品，還是為我解決問題？）

以上左右腦各自3個流程比較全面地展示了「全腦銷售博弈」在銷售初期接觸客戶的應用。在對這100位頂級銷售顧問的研究中我們發現，在銷售初期接觸客戶時，這6點表現得越全面，銷售成功的機會就越大。在不瞭解銷售人員的情況下，客戶既會用左腦考慮自己的利益，也會用右腦考慮是否應信任銷售人員。所以，「全腦銷售博弈」對培養、訓練銷售人員的啟發就是靈活運用對客戶左右腦思考特點的理解，並在此基礎上設計相應的銷售溝通和展示過程，從而建立客戶關係，讓客戶不僅對銷售人員個人產生信任，同時對銷售人員代表的產品產生興趣，以及

建立與客戶自我需求的強烈聯繫。

應用案例

讓我們來看一個「全腦銷售博弈」在實際企業銷售競爭中的應用案例。

中國家電領域的競爭已經非常激烈了。在家電的大賣場中，彩色電視機的競爭尤為激烈。各種型號集中陳列，讓消費者非常容易比較。而一線導購員的銷售行為總是陷入一種簡單的產品推銷和機械性的展示手法：產品如何好，技術如何領先，設計如何到位，顏色如何逼真，多麼保護消費者的視力和健康。這其實是在滿足消費者早已意識到的需求部分。如果消費者的確想要健康的話，他或許會有興趣停留。但是，當所有的導購員都採用類似的叫賣聲時，消費者的神經早已失去了應有的敏感而變得麻木，於是自然地認為，他們不過是想把自己的產品賣出去，根本不會信任導購員。

客戶對產品的初步印象和思考，是左右腦同時變化的結果。比如，當導購員問客戶家裡是否有孩子，孩子的視力如何這個問題時，潛在客戶可能會更加有興趣聽聽（左腦提醒，利益方面），購買彩色電視機與家裡孩子的視力有什麼關係？（右腦感覺，導購員為我著想）。導購員也可以提以下問題：平常在看電視時，是否希望聲音小一點（左腦提醒，的確有這個要求），因為家裡還有人在休息；換台的過程中是不是發現有些頻道的聲音特別大，影響了家人的休息（右腦感覺，真是替我著想，考慮得非常仔細）；導購也可以提示潛在客戶考慮電視機在關機以後，

左上角是不是還有一個淺淺的CCTV字樣；回想一下，電視機螢幕上是不是總有一層土，是不是走近電視機的時候，發現有靜電釋放的現象；回想看電視的時候是不是畫面的亮度不穩定（開始全面信任），可能是因為電壓不穩定導致的（不僅考慮周到，而且還特別專業）；回想一下，有時是不是會容易錯過一個自己計畫好的節目，是不是想記錄一下節目中閃現的電話號碼，結果沒有來得及就錯過了（對導購員開始欽佩了，這麼周到和全面）；是不是遙控器容易丟失；是不是孩子拿到遙控器隨便按鍵影響大人看電視；是不是發現遊戲機與電視機的連接太麻煩等等。所有這些都是客戶的左腦以及右腦會考慮的需求（這是全腦銷售博弈的結果）。

對潛在客戶而言，他們自己並不一定特別清楚這些需求，所以在選擇的時候就容易陷入價格的對比、各個廠家引導的技術競賽中，而不是思考產品是如何解決自己問題的。所以，全腦銷售博弈最好的體現就是在接觸客戶的初期，不僅贏得客戶對產品的信任，也同時贏得客戶對導購員的信任。讓初期銷售過程從技術展示變為問題挖掘，主動提問並引導客戶思考在使用時遇到過哪些常見問題，從而引導客戶去關注準備購買的產品是否真的解決了自己的問題。

2004年，創維（創維集團有限公司Skyworth，創立於1988年，總部在廣東省深圳市，是一家跨越粵港兩地，生產消費類電子、網路及通訊產品的大型高科技上市公司）在一線銷售人員的培訓中引進了「全腦銷售博弈」的概念，並建立一線銷售人員的顧問能力，也就是在左右腦兩個水準上贏得客戶的實力。創維的銷售人員集結了客戶使用彩色電視機的各種潛在問題，並將它們

寫在撲克牌上，當客戶在賣場中經過，就邀請他們隨機抽取一張。當看到抽到的撲克牌上的問題時，客戶會心一笑，並產生好奇，對產品的興趣開始建立。此時，不需要銷售人員滔滔不絕，客戶自己就會產生新的問題。比如客戶會要求再抽一張，發現也是一個常見的問題。於是，客戶的心裡就開始想：創維的產品是不是都解決了這些問題呢？這就是對客戶左腦的引導過程。

創維銷售人員集結的52個問題是：

1視覺問題　2老舊或壞了　3家庭電視數量不夠　4換新居　5結婚　6送禮　7尺寸不夠　8不能接上電腦　9不能看數位台　10少收台　11不能接DVD　12維修不好，不方便　13音質不好　14換台刺眼　15跟不上流行　16畫面傾斜　17畫面閃爍　18顏色與傢俱不匹配　19遙控操作繁瑣　20功能太少　21不能同時看兩個畫面　22不能單獨聽　23不能玩遊戲　24打雷時不敢看電視　25電視太厚　26有殘影　27散熱孔灰塵多　28找不到遙控按鍵　29換台聲音太小無法控制　30沒有日曆　31色彩不均勻　32不能限制兒童看電視　33有輻射　34錯過看電視的時間　35換台時間長　36搜尋太麻煩　37空白台有雪花　38忘記關機　39關機閃亮光　40電源占地方　41有靜電　42有色差　43錯過節目　44和遠方朋友視頻聊天　45電壓不穩　46頻道設定提醒轉換　47難以選擇　48怕把螢幕劃壞　49心情鬱悶不想看太鮮豔的顏色　50時間及日曆顯示　51自動排列節目　52遙控器按鍵太小。

客戶看到這些問題後，內心逐漸相信這些問題一定都是創維

集團的產品可以完美解決的。透過撲克牌的實際應用，導致客戶心理發展過程進入了以下的3個流程：

1 客戶產生興趣。透過點出、展示使用彩色電視的問題，導致他們關心這些問題是否可以解決，因為任何人都關心自己的問題是否可以得到解決。（典型的左腦思考。）

2 潛在客戶對產品，或者銷售人員的信任建立在對問題的來龍去脈的解釋上。如果銷售人員無法建立信任，那麼就不可能有成功的銷售。（附加了右腦的印象。）

3 客戶的深度關注取決於銷售人員對客戶問題導致的後果的描述。準確、清晰地描述客戶問題得不到解決的嚴重後果，可導致客戶建立對銷售人員的依賴、信賴，從而降低競爭對手對潛在客戶的影響，進而強化客戶對創維產品的信任。（這也是顧問式銷售的典型做法。）

客戶左右腦高度混合後給出了一個結論：創維的銷售人員不僅專業、權威，他們還非常關心客戶，以及使用產品的各種問題，並努力解決問題，值得信賴。

「全腦銷售博弈」透過對客戶左右腦思考過程的分析，展示了銷售人員應該運用自己的左右腦來引導客戶思考的方法。「全腦銷售博弈」不僅可以應用在與客戶建立初期的關係、與客戶保持長期的關係，也可以應用在與大客戶關係的發展、過渡、強化的過程與目的上。我們在後面會詳細闡述。

讓新客戶的電話進行到底

最後，我們再回過頭來看看張旭的情況。在成為高級銷售顧問以後，他給新入行的銷售人員提供了以下的範本錄音。

張旭：「陳先生，您好，我是友邦保險的顧問。昨天看到有關您的新聞，所以找到台裡的朋友，拿到了您的電話。我覺得憑藉我的專業特長，應該可以幫上您的忙。」

陳先生：「你是誰？誰給你我的電話號碼？」

張旭：「友邦保險，您聽說過嗎？昨天新聞說您遇到一起交通意外，幸好沒事了。不過，如果您現在身體有一點不適的話，我是不是可以幫忙？」

陳先生：「到底誰給你的電話？你又怎麼可以幫我呢？」

張旭：「是台裡我的客戶，也是您的同事，你們一起主持過節目。她說您好像的確有一點不舒服。我們公司對您這樣的特殊職業有一個比較好的綜合服務，我倒是可以為您安排一個半年免費的。如果在這次意外之前就有這個保險的話，您現在應該可以得到一些補償。看您何時方便，我給您送過來。」

陳先生：「哦，是××給你的電話啊。不過，我現在時間的確不多，這個星期都要連續錄節目。」

張旭：「沒有關係，下周一我還要到台裡，還有兩個您的同事也要我送詳細的說明過去。如果您在就正好；如果您忙，我們再找時間也行。但是，難免會有意外，出意外沒有保障就不好了。」

陳先生：「你下周過來找誰？」

張旭：「一個是你們這個節目的製片，還有另外一個節目的

主持人。」

陳先生：「周一我們會一起做節目，那時我也在。你把剛才說的那個什麼服務的說明一起帶過來吧。」

張旭：「那好，我現在就先為您申請一下，再占用您5分鐘，有8個問題我現在必須替您填表。我問您答，好嗎？」

隨後，就是詳細的資料填寫。張旭成功地運用潛在客戶的意外、潛在客戶周圍的人的雙重影響力，得到了這個客戶的資料，並成功地續簽了一年的保險合約。他大量運用左右腦，不斷從利益角度、相關人物角度來贏得信任和建立模糊的關係，從而一個電話就得到了客戶的約見。「全腦銷售博弈」的力量隨處可見。

關鍵提示

任何一個無論是失敗還是成功的銷售過程，都是從最初的接觸開始的。最初的接觸往往會影響到最後的結果。銷售初期的博弈關鍵在於這兩個流程：一個是在銷售初期階段針對潛在客戶左腦的；一個是在銷售初期針對潛在客戶右腦的。

針對客戶的左腦，銷售人員應該採用的銷售流程：

1　挖掘客戶的困難；

2　解釋困難形成的原因；

3　闡明困難存在導致的後果。

針對客戶的右腦，銷售人員應該採用的銷售流程：

1　我是誰，以及我的專業；

2　我為什麼知道這些困難以及困難形成的原因；

3　我為什麼關注這些困難導致的後果。

 **銷售決勝點**

請牢記一副行銷及銷售領域中的對聯和一句名言：

上聯是：不怕客戶沒有錢

下聯是：就怕客戶沒問題

橫批是要牢記的名言：問題是需求之母

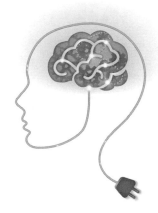

第2章
問題是需求之母——
控制潛在客戶右腦的魔法

高檔餐廳。一對年輕的男女朋友在無聊地等入座。

惠佳大方地上前打招呼:「您好,我是在校大學生,不知道在等待的時間能否接受我的一個問卷調查呢?僅僅佔用你們兩分鐘時間。」……

「共有5個主要問題,都是關於手錶的。第一個問題:你們喜歡現在戴的手錶嗎?」……

「你們的回答都挺有個性的。第二個問題:你們周圍的好朋友,他們會喜歡自己的手錶嗎?」……

「第三個問題:手錶在什麼情況下適合當作禮物贈送給朋友呢?」……

「第四個問題,這3款手錶都是要在今年年底上市的,能請你們給一個建議的價格嗎?」……

「有什麼原因可以證明這個定價是值得的呢?」……

5個問題結束後不到兩分鐘,這對年輕人買下了他們根本沒有「預算和需求」的一支手錶,價值300元。他們為什麼要買?

　　從事行銷工作的人使用最頻繁的詞彙恐怕就是「需求」了。因為，根據行銷之父菲力浦·科特勒教授的總結，發現客戶需求，並給予滿足的過程就是行銷的最核心要旨。所以，只要從事行銷活動，與市場打交道，需求就是最常使用的詞彙之一。

　　那麼，到底什麼是需求？如何具體、細緻地理解需求呢？用什麼樣的語言來準確地描述需求呢？需求在我們的研究專案中又是什麼樣的地位呢？

　　首先，需求是來自客戶生活中問題的體現，是源於右腦的，或者絕大多數是來自右腦的指令。通常，人們不會透過推理的方式來判斷自己是否需要牙膏、需要電視機，或者需要一輛車。他們對自己的這個要求都是來自右腦的一種想像，如果家裡有了洗衣機，生活是不是方便多了？如果有一輛汽車，是不是會節省許多時間？這些都是來自右腦對生活中問題的反射。

　　那麼，千千萬萬的人們，我們的潛在客戶，他們對生活中問題的反射又是如何的呢？左右腦是如何作用的呢？他們有著怎樣的行為方式及思想的規律和特徵呢？資深銷售顧問全腦銷售博弈研究成果的法則第2條、第3條、第4條為我們提供了我們可能的潛在客戶所具有的共性，深刻瞭解這些共性，為銷售人員在銷售初期時，如何與客戶迅速建立良好的關係，提供了理論和現實的幫助。

　　法則2：左腦是利益，邏輯線索，理性思維。

法則3：右腦是友誼，模糊意識，感性思維。

法則4：潛在客戶。

左腦：追求產品帶來的利益、企業動機、企業職責，是局限的、短暫的。

右腦：追求產品帶來的感覺、個人動機、自我發展，是廣闊的、長期的。

客戶的欲望與需求

根據這個研究成果，我們考察客戶在銷售初期是如何認知一個陌生人（銷售人員）的，以及又是如何認識到產品價值的。研究表明，人們在遇到問題的時候通常會先用右腦來感知一下，而人們的問題就是構成他們需求的關鍵要素。因此，對於行銷人員和銷售人員來說，如何準確判斷客戶的需求（其實就是尋找客戶現在遇到的問題），就是透過銷售人員的左腦來分析和判斷客戶可能存在的問題，然後調動客戶的右腦來想像——一旦擁有了這個產品，自己的所有問題就會迎刃而解，蕩然無存——讓他們建立起感知，從而在右腦的想像下做出採購決策。

對於客戶的需求可能會有多種解釋，比如「客戶有支付能力的需要就是客戶的需求」。客戶作為一個個體，只要有欲望，只要對某種事情有渴望，那麼一旦具備了滿足這個欲望的經濟能

力，這些欲望和渴望就會轉變為需求。根據這個理解，客戶的需求應該是顯然的，客戶自己應該是認識得非常清楚的。基於這個觀點，行銷人員或者一線接觸客戶的銷售人員恐怕就沒有事情可做了，只需要靜靜地等待客戶的經濟能力可以承擔他們固有的欲望就可以了。那麼，所有市場行銷的活動可能就不再需要了，行銷應該就是一個等待的過程——這就是用理性的左腦來看待客戶需求的結果。顯然，這個結論是不能被接受的。因為，欲望和渴望對客戶來說並不總是那麼明顯，客戶自己並不一定清楚自己的所有欲望，也不一定清楚市場中是否有某種產品滿足他的欲望，也不一定清楚他是否有滿足自己一個還不清楚的欲望的支付能力。因為這些都需要邏輯推理，對現實進行分析才有可能在頭腦中形成所謂的需求。在出現漢堡包之前，沒有人表示對漢堡的渴望；在隨身聽出現以前，SONY 也沒有經過市場調查來確定有這個需求，但是，這兩個產品一面世立刻受到市場的認同和歡迎，這又說明什麼問題呢？

客戶的欲望有兩種：一種是意識到的需求，一種是下意識的需求。市場中絕大多數企業的競爭點，都是從意識到的需求出發的。比如消費者對彩色電視的需求就是一種有意識的需求，業者基本上都在這個層面上展開競爭，而忽視了消費者一般都會存在一個下意識的欲望，一個甚至他們自己都沒有認識到的欲望。由於消費者連自己都並不確定這個下意識的欲望，所以產品製造商也就很容易忽視對消費者這個欲望的滿足。SONY 號稱自己是創新型企業，總是可以創造出產品來滿足客戶的需求，它們認定的客戶需求往往就是那些下意識的需求。

下意識的需求全部來自右腦。右腦是感知、感覺，是可以根

據當時所處的情景、所面對的人而發生徹底的改變的。

一個「沒有需求」的購買

讓我們來旁觀一個手錶推銷的全過程。

上海一家較有檔次的餐廳，生意興隆，沒有預先訂位的食客不得不在門口聽從餐廳領位員的安排，在等候區無聊地等待。

此時，一個大學生模樣、20歲出頭的女生出現在等候的食客中，她的名字叫惠佳，她看中了她的「獵物」——一對年輕的情侶，兩個人正在無聊地看著餐廳內的人，希望能夠快一點有座位。

惠佳大方地上前打招呼，她主要面對著男士說話：「您好，我是在校大學生，這是我的實習工作。看你們兩位挺著急的，不過我估計最多10分鐘就會有空位了。不知道在等待的時間能否接受我的一個問卷調查呢？僅僅占用你們兩分鐘。」惠佳說完，看了看女士，甜甜的微笑，渴望的目光，手裡亮出一份問卷表。男女互相看了一眼，男生默許地說：「調查什麼呢？」

惠佳拿出筆說：「共有5個主要問題，都是關於手錶的。」邊說邊拿出一個2006年的桌曆，這是問卷結束後的一個小禮品。隨後，她立刻又將禮品放回到自己的包裡，並快速將自己的注意力集中到問卷上。她抬頭看了一眼面前的兩位，說：「你們兩位誰回答都可以。第一個問題：你們喜歡現在戴的手錶嗎？」

男生答：「當然了，剛買的時候肯定是喜歡的，不然也不會買了。」

女生答：「手錶就是一個工具，也不需要特別喜歡。」

惠佳說：「你們的回答都挺有個性的。第二個問題：你們周圍的好朋友，他們會喜歡自己的手錶嗎？」

此時，兩人有一些猶豫。

惠佳說：「你們覺得他們需要手錶嗎？」

「可能還是需要吧。」兩個人幾乎是同時回答。

惠佳說：「第三個問題：手錶在什麼情況下適合當作禮物贈送給朋友呢？」惠佳看他們再次思考，繼續提示道：「比如，生日禮物？考上大學？人際交往中的節日，比如情人節、耶誕節、新年？總之，是什麼特殊的情況下可以送呢？」

男士說：「情人節是可以的，耶誕節也行。」

女士說：「生日禮物也可以，因為現代人還是挺在乎時間的，尤其是年輕人。」

惠佳說：「第四個問題，」邊說邊從包裡拿出3個精美的盒子，透過盒子透明的包裝，可以看到裡面精美的手錶，「這3款手錶都是要在今年年底上市的，能請你們給一個建議的價格嗎？」說著將其中的兩個遞給面前的這兩人。

他們分別打開，拿出來，看到了裝飾美觀、精巧、時尚、閃亮的外形。女士還將其戴在手腕上，感歎地說：「挺漂亮的！」男士慎重地說：「我覺得至少要定在300元（以下指人民幣）。」女士說：「差不多，肯定要的。」

惠佳鼓勵地看著兩個人說：「最後一個問題，有什麼原因可以證明這個定價是值得的呢？」

男士說：「現在市面上的手錶好一點兒的都是這個價格，你看你這個錶，200米防水，而且是石英的。」

女士補充道：「而且多漂亮呀，挺時尚的。再說，年輕人如果喜歡，肯定值300元。」

惠佳一邊記錄，一邊繼續說：「我們市場調查的目的就是要多給一些證明，為什麼可以定300元。還有嗎？」

男士說：「我們戴的也都是兩百多塊，還不如你的漂亮。」

女生問道：「那你們最後會定多少錢呢？」

惠佳猶豫地說：「我做市調已經一個多月了，你看這裡都是許多人建議的價格，最高的建議有600的。其實這個人挺識貨的，他甚至知道我們這個錶是防震的呢。我是做市調的，並不瞭解手錶，但是看到大家的建議定價，也覺得是挺不錯的手錶。」說到此，惠佳接過兩個人遞回來的表。女士依依不捨地將手錶從手腕上摘下，還給了惠佳。惠佳將手錶小心翼翼地放到盒子裡，重新放回包包。此時她說：「感謝你們兩位的參與，這是一個小小的桌曆。」

男士說：「你們將來到底會定多少錢呢？」

惠佳說：「這個手錶在香港是999元，在內地很難說。我們的市調說明可能內地的消費者不一定接受這個價格，所以也許不會推到內地市場了。總之，感謝你們的好意。」惠佳將所有的東西都收好，「那好謝謝了，再見。」

剛要離開，似乎突然想起了什麼，惠佳回頭問道：「先生，看你們挺喜歡這款錶的，而且你們也挺配合我的調查的，如果就是300元，你們會買嗎？」女生馬上說：「真的嗎？」男生說：「可以的，你有發票嗎？」

惠佳說：「沒有零售發票，只有我們市調公司的發票。沒有關係，那就算了。」

女生說：「其實沒有發票也是可以的。」邊說邊從錢包中拿錢。此時，擺在惠佳面前的是 300 元錢，惠佳猶豫著，下定決心的樣子說：「好吧，我就破例一次吧。這 3 款你喜歡哪個？」

女生從 3 個盒子中選出自己剛才戴在手上的那支，「就這支了。」

惠佳拿出一張名片遞給了他們，「這是我的聯繫方式，能留下你們的聯繫方式嗎？我擔心主管責怪我自作主張。」她又拿出了紙筆。

男生說：「我叫吳中興，她是我女朋友叫許靜，我的電話是 1381815××××。」

惠佳說：「要是有問題，我再聯繫你們，可以嗎？」女生已經在欣賞戴在手上的手錶了，男士點了點頭。惠佳離開了。

揭開策略之謎

惠佳的策略步驟如下：

1 市調員的身分降低了人們對推銷員的防範——來自右腦的初步習慣判斷。

2 徵求定價的方式調整了人們對價值的認識——運用左腦的理性論證也是一個證明過程，是用客戶的左腦來讓客戶自己的右腦感知手錶的價值。

3 實際參與的方式讓客戶體驗和投入，從而產生對產品的偏好——參與和體驗是針對右腦設計的促銷動作。

這 3 個步驟都是依賴人們的右腦來進行銷售的經典步驟和方

法。按照理性的邏輯思考，只要是沒有主動購買手錶的意願，就不會走進商場，也不會到手錶專櫃前，所以，一開始這兩個年輕人是對手錶沒有需求的，但不能說沒有需要。需要是被面前的演示刺激出來的，是頭腦中的想像和憧憬帶來的。這個事情發生在上海，幾乎每天都有至少30個女大學生在做類似的工作。

我在給賓士的高級銷售顧問進行培訓時，一個學員也遇到過這樣的事情。他在我的課上學到運用潛在客戶的右腦進行思考，從而影響客戶衝動購買決策的方法、途徑和步驟後，當天晚上就在餐廳遇到了實際的情景。

由於剛聽了課，因此，他立刻便指出對方是在應用右腦銷售策略。當時，對方幾乎驚呆了，我的這個學員也沒有購買。由於他準確地指出了這個銷售過程中的要害，導致對方對他的敬仰之情油然而生，並表示其實她自己也不知道這個步驟中有如此的奧妙，於是留下了聯繫方式。第二天上課，我的學員將這個人的聯繫方式提供給我，我對此進行了深入的訪談，知道了背後一些鮮為人知的故事。

其實，這家公司實際的體系結構就是銷售手錶，只是初期推銷並不成功，於是特意邀請美國的直銷專家進行診斷，並結合中國的文化特點設計出了這個女大學生所展示出來的步驟。這些一線的女大學生被訓練成忠實地、準確地、機械地執行流程的「市調者」，她們只知其然，卻完全不知其所以然。只要按照流程進行，一步一步地推進就可以獲得約25％的成功率，這已經是直銷中相當高的比率了。

他們的6個右腦策略包括：市調動作、問話設計、論證價格、參與體驗、透露背景、不情願。

博弈原理詮釋

惠佳在與客戶的博弈過程中使用的策略詮釋如下：

1 陌生接近的博弈策略

人們在遇到陌生人推銷時，通常的防範意識就是要提高警惕。而市調的形象、女大學生的角色，一般會降低人們的防範意識。行動的目的是**市調**，行動的身分是**女大學生**，綜合在一起就達到了陌生人接受對話的要求。

人們的右腦對**市調的印象**，以及對**女大學生的印象**都是積極的、正面的。這就是這個流程設計的精巧之處。人們是用印象來決定面對突發事件的對策的，而印象來自於右腦。關於好感建立的要點與應用請看本書第3章。

2 問話設計的博弈策略

問話的步驟從第一個問題，是否喜歡自己的手錶，到考慮周圍朋友的手錶，再到手錶的禮品功能，都運用對方的心理脈絡向手錶→朋友→禮品的方向過渡。這個脈絡的發展取決于人們常見的思考習慣，而不是理性的追問。中國教育給國民一個特殊的缺陷，就是**缺乏獨立的判斷意識**，容易受到預先設計的、步步為營的結構性問話的誘導，從而不知不覺走向流程設計者布下的陣勢，受其擺佈。**缺乏理性的左腦思考習慣的後果就是被高超的謀略戰勝**，自己還洋洋得意地以為占了多大的便宜。

3 運用客戶左腦論證價格

讓客戶論證價格就更加是高手所為了。要求你自己估價，然後運用你的理性思考來論證這個價格是合理的，是有價值的，於

是自己相信了自己的論證。這是習慣意識，**習慣意識完全是右腦控制的內容**。當一個人**無數次重複自己一定會成功**之後，再讓他用一些證據和實事來論證自己成功的必然性，那麼，這個人在日後的工作中取得成功的可能性的確是高於其他人的。這就是習慣可以左右人的行為。

在對一件事情努力證明的過程中，自己完全堅信自己的看法。這就是為什麼那個男生要**追問**到底可能定價多少，而女生**迫切**地拿出300元。讓對方論證是用客戶的左腦來向他自己證明，從而快速地判斷並做決策。因為右腦已經形成了一個有價值的認知印象，於是左腦便衝動地、簡單地、快速地做決策。

4　參與體驗的試戴行為激發客戶的右腦作用

義大利西服店的銷售人員有一個不成文的規定，那就是一定要讓客戶試穿。一旦穿在身上，他的策略就是保留在客戶的身上至少30分鐘。在這30分鐘裡，他不斷要求客戶從各個角度審視自己的西服，並用各種工具來修正袖口、領口以及後擺，目的只有一個，只要停留在身上30分鐘，那麼購買的可能性從不試穿的**1%提高到18%**。手錶的銷售同出一轍。惠佳邀請客戶試戴就是要讓客戶參與體驗，透過試戴引發客戶想像如果這是一個禮品有什麼感覺，以致產生不願意摘下的下意識，就是我們這裡所說的控制客戶行為的**右腦指令**。車行的試乘試駕也是這個道理，免費使用都是試圖贏得潛在客戶的下意識行為：右腦指令。

5　透露祕密是另外一個有策略地戰勝人們右腦的手段

人們**傾向相信神祕的小道消息**。一個消息被神祕地傳播，容

易**躲過聽者的理性思維**，因為沒有人會認真思考不正式的、不是白紙黑字的資訊。所以，這樣的消息會直接被傳輸到聽者的右腦中，憑藉下意識來判斷其是否真實。但是，右腦不具備嚴密的判斷能力，僅僅有感知能力，從而不知不覺中相信了小道消息的內容，從而影響了自己的行為。

6　不情願策略發揮得淋漓盡致

惠佳主動提供名片，主動表示「這是我的聯繫方式，能夠給我留下你們的聯繫方式嗎？我擔心主管責怪我自作主張」是充分的**讓步、示弱、不情願**的策略的綜合體現。此時，如果客戶有反悔的想法是完全可以避免採購行為的，但是，這句話的確重重地強化了客戶想擁有及撿了便宜的想法，使之**更加根深柢固**。

如果這時客戶冷靜一下，回到理智的狀態，就會思考自己買這支手錶有用嗎？這300元意外支出是理性的嗎？社會中真的有人願意為陌生人——才認識10分鐘的人承擔被責怪的風險嗎？但是為什麼此時此刻你失去了理性的判斷呢？因為一系列的信號都在你的右腦中產生了好感，產生了信任，並接受了暗示，也自我辯護地論證了價值以及價格，因此又怎麼可能在如此短暫的時間內自我矛盾呢？又怎麼可能立刻便嚴肅起來進入理性的左腦思考、審視的冷眼狀態中呢？你自己真的好意思嗎？

但是，如果涉及到利益，又有什麼不好意思的呢？關鍵不是300元的得失問題，而是被愚弄、走進別人事先設好的局的感覺並不是美好的。在本書的第10章，我們將談到客戶情緒的判斷以及應對。

生活現象背後的道理

　　這個案例讓我們充分認識到無論是銷售人員還是潛在客戶，在「全腦銷售博弈」的策略性系統設計下幾乎都沒有防範能力。如果任由消費者自己有了理性的認識後再消費，那麼天下豐富多彩、琳琅滿目的商品就會有很多永遠停留在倉庫中，而不會被人們興高采烈地搬回家中了。衝動、衝動、衝動，永遠可以透過對潛在客戶的右腦控制來誘發購買衝動。也就是說，顯性的需求來自有意識的大腦活動，但是隱性的需求卻來自下意識的大腦活動。充分轉換了潛在客戶的下意識大腦活動，就是利用客戶的右腦感知能力強而理性思考能力弱的特點。再回到客戶需求這個主題上。客戶需求有來自左腦的，也有來自右腦的。來自左腦的需求是理性需求，來自右腦的需求是感性需求。今天消費者採購回家的產品中有80％是感性採購的，這也是「全腦銷售博弈」策略對企業、對銷售人員重要的一個原因吧。

　　既然如此，那麼在銷售初期接觸客戶就需要快速且巧妙地、不知不覺地消除客戶的防範心理，因為潛在客戶習慣對陌生人防範，這是右腦的印象。消除的方法可以是讚美，也可以是偽裝自己的推銷目的，還可以是第1章提到的撲克牌問題主導的方法。不管是哪一種，其目的都只有一個，那就是透過各種技巧／技能，在銷售初期接觸的階段，就越過潛在客戶頭腦中經常會有的警惕和防範，從而順利地建立起認識關係，進而熟悉，進而信任。手錶推銷案例中的惠佳就成功地做到這些。

1　調研的身分降低了人們對推銷員的防範──來自右腦的初步的習慣判斷。

2　徵求定價的方式調動了人們對價值的認識──調用左腦

的理性論證也是一個證明過程，是用客戶的左腦來讓客戶自己的右腦感知手錶的價值。

3　實際參與的方式讓客戶體驗和投入，從而產生對產品的偏好——參與和體驗是針對右腦設計的促銷動作。

　　在銷售過程的初期階段，試圖建立與潛在客戶關係的重要技巧就是贏得好感。贏得了潛在客戶的好感，並成功地接近了，也就開始了對話接觸。在對話中，用語言、用行為、用完整的理性思考來爭取客戶的好感就是另外一個重要技能。

　　請讀者回憶一下，閱讀序言中放進行囊中的名言，你還記得第一、第二以及最後一句名言嗎？

全腦應用的溝通技巧

　　《影響力》（*Influence：The Psychollogy of Persuasion*）是一本濃縮了客戶採購行為，以及銷售人員如何實現目標的書。作者羅伯特・西奧迪尼（Robert Cialdini）在書中了呈現了銷售人員如何以有計劃、理性的銷售行為、銷售流程以及系統的方式，來影響潛在客戶的感性和右腦思考，從而引導客戶的採購決策。以下是這本書中關鍵性的6大銷售祕訣。

第一條：互惠原則：

　　作者認為人類之形成的頑疾中有一條，那就是互惠原則。在書中，作者列舉了大量美國本土的例子來證明他的觀點，在這裡我為這條原則添加中國的案例。

如果要求陳述對「海爾」（創業於1984的大型家電品牌）的第一印象，絕大多數的人都會將「服務好」的評價慷慨地贈送給海爾。這些人中又有多少是親身經歷了被他們評價為優秀的服務呢？他們有親自的實際體驗嗎？我在調查中發現，80％稱讚海爾服務優秀的人沒有親自體驗過海爾的服務。那麼這些人發自內心對海爾的稱讚是怎麼來的呢？他們也是聽說的。是什麼人說的已經不重要了，至少在這些消費者頭腦中已經確立了海爾服務優秀的牢靠地位。如果你幸運地體會過一次海爾的服務，事後又有機會總結一下，就會發現簡單行為中起著神祕作用的竟然就是互惠原則。當海爾按照你指定的時間到達你家的時候，在進門前一定會用專門的鞋套套好自己其實並不髒的鞋——這表示對你家環境的愛護。當他開始維修你指定的海爾品牌的電器時，時間並不短。你大方地提供一杯茶並不過分，哪怕是一杯白開水，或者遞上一支香菸也不過分。維修人員一邊聚精會神地工作，一邊仔細地解釋故障的原因——他一定讓你感覺到，故障是一個非常少見的現象，但是肯定會得到完美的解決，而且以後不會再出現這個問題了。終於，工作完成了，設備正常運轉起來，你的心情多雲見晴是容易理解的。此時，你看到這個維修人員拿出自己攜帶的乾淨抹布，將看到的灰塵以及他工作的區域擦拭乾淨，收拾好所有工具和物品，客氣地告辭。目送他遠去後，你發現，他甚至沒有抽你的菸、喝你的茶，甚至白開水都沒有喝。你在愉快的心情下，增加了一絲對這個維修人員的感激。

　　你確實會認為得到了一點恩惠。你絕對不會為了這一點恩惠就再買一台冷氣機，也顯然不可能重新買一台冰箱，可是你內心深處執著的人的本性開始左右你的行為，一旦發現周圍的朋友準

備購置冷氣或者冰箱，你幾乎沒有意識地會推薦海爾，大家的說法都是類似的，海爾的服務真是好呀！互惠原則得到了完美的體現。

中國文化孕育出來的芸芸眾生也無法脫離一個美國學者挖掘出來的人性。如果好朋友請你吃一次飯，你內心肯定記得欠對方一頓，而且隨著回請時間的拉長，你會感覺欠得越多。互惠如同存款，到期不取本金會有利息的。如果你永遠沒有機會回請，那麼唯一的回報就是說對方真是好人。

所以，我們看到，不是人們主動口耳相傳海爾的服務多優秀，而是在潛意識的互惠原則作用下一種身不由己的行為。從此，海爾的服務就真的越來越優秀了，因為這麼多人眾口一詞，海爾自己也不好意思讓大眾失望吧。

互惠原則在銷售中如何應用？房地產開發商為了促銷豪華地產，提出免費贈送一次價值 2000 元的海南遊，前提是你必須先參觀他們的樣品屋。在參觀樣品屋的過程中，對愛占小便宜的人來說，內心想的是如何快速結束這個活動，然後得到那個優惠。結果呢，透過銷售人員對房子的介紹／展示，以及其他的活動，你逐漸進入了角色並開始喜歡上房子了，從而有 30％ 多的人購買了房子。雖然得到了免費海南遊，其實不過是自己支付的費用是透過別人的饋贈而得到的。類似的例子在商業，尤其是銷售領域俯拾皆是。想一想，你在生活中有遇到過嗎？你有過被互惠原則支配並做出衝動的決定嗎？互惠原則的力量由於被多數人忽視，因此在實際銷售過程中為了有效影響潛在客戶，就顯得格外有用。要看更多的延伸應用，還是去看原書來得經典。

第二條：承諾以及一致性。

有3個常識性的道理決定了承諾以及一致性的影響力：第一，一個個體一貫一致的表現對社會是有價值的；第二，一致性的行為對日常生活有效益上的提高；第三，越是複雜的社會環境，人們越傾向於簡單一致的思考過程。

原書中對中國和美國在朝鮮戰爭中對待戰俘的方法和形式進行了有效的分析，該分析深刻地剖析了承諾以及一致性是如何改變他人的行為的。為了節省篇幅，我在這裡就不再贅述原作者的精闢見解了。

第三條：社會的認可。

社會認可的作用取決於兩個前提條件：第一個是前景的不確定性。當人們在不肯定，處於前景不確定的時候，很容易快速地接受他人的行為，追隨他人的行動。

第二個是相似性。人們願意模仿與他們相似的人的行為，銷售過程中的協力廠商引證就是起的這個作用。相似性也可以表現為，人們對他們希望成為的人的行為有追隨的傾向。從眾行為不過是社會認可作用的一個簡單表現而已。

第四條：喜愛與熟識。

第一個有效獲得好感的要素是外表。外表的影響力是顯而易見的，而且其作用比我們預知的要大得多。外表的作用容易延伸到智慧、優點、善良等方面，因此，外表在影響他人的過程中，容易讓別人接受，也容易改變他人的態度。

第二個獲得好感的要素是同質性。人們喜歡那些喜歡他們的

人，也容易接受那些喜歡他們的人的要求，常常是不加思考地接受，不過是因為同質性。

第三個有效獲得好感的要素是讚揚。

第四個有效獲得好感的要素是積極的氛圍和環境，甚至是那些想像中的積極的作用。

第五個有效獲得好感的要素是關聯性，與他人建立強有力的關聯性。將別人的產品或者他們的個性與一些積極的、向上的事物聯繫起來，並在關聯技巧中大量使用積極的、正向的流程，諸如成功、成就、賞識、認可等。

第五條：公共權威的符號作用。

有人告訴你：「經過大量的研究表明，你這樣的人在這個年齡吃這個補品有很大的好處。」如果這個人是一個普通人，你對他的介紹肯定會有一些質疑。而如果這個人的頭銜是中國營養學會高級研究員，你對上述的話有何感想？當你知道他不僅是高級研究員，而且還是國務院的特級專家，此時你對上述的話的感想是否有變化？這時候，你又知道了有關這個人的一個事跡，那就是去年他被授予諾貝爾生物學獎。也許你沒有聽過諾貝爾獎，不要緊，你一定會問諾貝爾獎是什麼呀？此時，有人告訴你諾貝爾獎是世界一流科學家才會得到的大獎，一年只有一次，獲獎者在全球科學家中只有很少的比例。此時，你對前面那番話的感受是否又有了變化？你是相信這個人嗎？絕對不是！你相信的是他的頭銜，是外界授予的頭銜。你可能一點兒也不關心這個人在營養學會研究的課題是什麼，也許他的研究和獲獎的課題是昆蟲的蛋白質含量，與可以引證的人類的補品和健康話題沒有什麼關係，

但是，你還是在知道他的頭銜後逐漸相信了他的話。

　　銷售中有大量的類似應用。可憐的人呀，總是喜歡慣性地思考問題，而不會稍微動一下大腦，多問自己幾個問題，透過自己的鑑別能力來確定自己應該受到什麼樣的影響。原作敘述得比我在這裡笨嘴拙舌的描述要精彩百倍。

第六條：短缺的真空壓力影響。

　　現在是經濟過剩，難以創造某種短缺的情形來有效地影響潛在客戶了，但是，高手就是可以不斷地創造出這樣的機會。一個銷售二手車的人，一定要安排3個以上潛在的有興趣的客戶同時來看車。此時，第一個到的人就受到第二個人的壓力，而第二個人又受到第三個人的壓力，從而失去冷靜思考的機會，在倉促中做出採購決定。透過短缺製造壓力的方法目前大量應用在房屋銷售，還有奧迪汽車、本田汽車都使用了這個基本策略，從而贏得潛在客戶的追捧。即使在Nike鞋專賣店中，你也有時會遇到短缺的壓力。哪怕是手機大賣場，如果一個銷售人員懂得使用短缺施予客戶一定的壓力，其銷售成功率已經在這個賣場中遙遙領先了。

　　以上6條，本人不厭其煩地一一介紹的主要目的就是分享好的知識。不管你是否讀這本書，我都認為至少應該習得這6條基本技巧，因為，這是「全腦銷售博弈」影響潛在客戶右腦的關鍵的6個訣竅，也是「全腦銷售博弈」一半的核心技能基礎。銷售人員有系統地、有組織地學習這本書，可以強化自己的左右腦能力和實際應用，這些都是銷售中全腦博弈不可缺少的技巧。

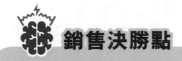 **銷售決勝點**

你可以透過各種技巧／技能，在銷售初期接觸的階段，就越過潛在客戶頭腦中經常會有的警惕和防範，從而順利地建立起認識關係，進而熟悉，進而贏得信任。

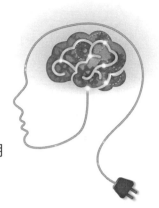

第3章
給客戶留下專家印象
未必是好事──
「全腦銷售博弈」中好感的建立與應用

劉濤:「張總,我是創維集團西南地區的經理劉濤,集團最近人事變動,我昨天才到成都,能否約您明天見個面,主要談一下今年的產品訂貨、型號配送、庫存以及您的賣場的促銷問題,行嗎?」

張總:「噢,是劉經理。明天不行,明天是結算日,事情特別多,還是改天吧。」

劉濤:「那您說哪天?」

你認為張總會給他具體時間嗎?

在開始本章內容之前，我們先來回顧一下與本章關係密切、也為本章提供理論基礎的資深銷售顧問「全腦銷售博弈」研究成果的法則第9條、第10條、第11條。

法則 9：人們擅長在快速的反應中使用右腦，在謹慎的決策中使用左腦。

法則10：左腦是深思熟慮的地方，右腦是現場發揮的地方。

法則11：左腦依靠資訊來決策，右腦依靠感覺來判斷。

你想做客戶眼中的哪類人

在潛在客戶面前，銷售人員可以有許多種角色，無論是顧問式銷售還是傳統的推銷，客戶對銷售人員都會有一個印象，這個印象就是銷售人員極力表現得最明顯的一個角色。這個角色可以是專家、顧問、懂技術的銷售，也可以是值得信任的甲方，甚至可以是有一些好感的甲方。

對100位頂級銷售顧問的綜合研究和訪談發現，他們在銷售初期對建立客戶心中的印象有著明確的目的：都希望在第一次接觸後，客戶對他們至少有「好感」。

當我們追問，為什麼不是一個專家的印象時，他們的回答幾乎一致，那就是在不完全清楚客戶是技術偏好還是外在偏好，甚至不確定在將來的採購中對方扮演什麼角色前，儘量隨著銷售進

程的展開，讓自己擁有的機動靈活性多一些。

在銷售初期如果給對方一個專家的印象，在隨後的接觸中，一旦發現對方不是技術偏好，那麼要想轉變他頭腦中的印象就不容易了。而只要留下一個「良好印象」，事後就可以向任何方向發展。

專家容易被聯想為正直、敬業，但是不靈活、不容易溝通、不懂人情世故，所以一開始給客戶你是專家的印象等於堵死退路，不利於日後可能發生多種變化的情形。而透過好感建立的朋友印象，在未來關係的發展中也可能形成專家印象，同時朋友的角色還可以促成合作。

一旦初期客戶對銷售人員有了專家的印象，那麼客戶有許多話就不會直接對這個專家說了，客戶與銷售人員之間就有了距離。從朋友變成專家轉換容易，但是，從專家變成朋友就難了。

即使花費了相當長的時間轉換了，客戶心中仍然會擔憂，仍然會有一種不安的感覺。這就是為什麼相當多的銷售高手雖然完全可以給潛在客戶第一印象就是「專家」，但是他們通常不會在初期就這麼做，因為這等於是封閉了日後深入建立關係的可能性。

形成朋友印象的關鍵就是建立對方對你的好感。

客戶眼中的「朋友」、「專家」印象分別具備什麼樣的特徵呢？透過圖3-1，銷售人員可以調整自己的言行舉止，盡可能給客戶留下自己想要留下的印象。

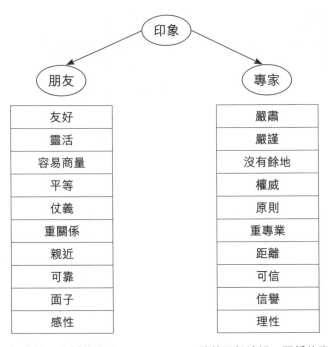

圖 3-1 客戶眼中的「朋友」「專家」印象

初次建立關係的好感應用

客戶的好感不是靠讓利、資源支持就能獲得的,既然確定了接觸客戶初期的具體目標——獲得好感,那麼這些銷售高手又是怎麼做的呢?

劉濤:「張總,我是創維集團西南地區的經理劉濤,集團最近人事變動,我昨天才到成都,能否約您明天見個面,主要談一

下今年的產品訂貨、型號配送、庫存以及您的賣場的促銷問題，行嗎？」

張總：「噢，是劉經理。明天不行，明天是結算日，事情特別多，還是改天吧。」

劉濤：「那您說哪天？」

張總：「這樣，周末我給你一個電話，再約好不好？」

劉濤：「那好，我等您的電話。」

這是一個常見的通話，在一分鐘的對話中，劉濤傳達的相關信息是：

1　我是新來的區域經理。

2　需要就訂貨、型號、配送、庫存、促銷問題溝通一下。

3　想確定一個見面的時間。

但在張總的印象中卻是這樣的：

1　創維集團又來新人了。

2　他們想讓我多訂貨，或者力推對他們有利的型號，也可能要調用我的庫存。

3　想約我面談。

銷售人員沒有機會將自己與客戶的對話記錄下來，事後分析一下，是否還有更好的達到目的的說話方式？不然只能每天憑藉熱情、努力誠懇的工作日復一日年復一年地重複著簡單、機械、普通的銷售工作，每天都進行著如上一樣的銷售對話。

換一種思維方式，也許上面的對話結果是可以改變的。

劉濤：「張總，您好，您現在說話方便嗎？」

張總：「你是哪位？」

劉濤：「我是創維的劉濤，昨天才到成都的，四川這裡的天氣真是悶熱呀。」

張總：「我現在很忙，你有什麼事？」

劉濤：「那您先忙，您看我什麼時間給您打電話方便？」

張總：「你說什麼事吧，我先聽一下。」

劉濤：「張總，西南的徐經理已經調回總部了，您已經聽說了吧？」

張總：「好像知道，確定了嗎？」

劉濤：「沒錯，他的成績還不錯，所以總部另有重用。現在換我過來，壓力大呀，您又是當地的大哥，我是北方人不習慣這個地方的氣候，您說我初來乍到的，第一件應該做的事情，是不是就是拜會當地的老大您呀？」

張總：「哈哈哈，你這個小兄弟，還挺會說話。怎麼，你也知道現在的市場不好做呀。你們的貨賣得不錯，可你要知道其它品牌的攻勢也不弱呀，我們還要依靠你們廠家多支持呢。」

劉濤：「張總，有什麼需要我辦的，您儘管吩咐，我是有錢出錢，有力出力，沒錢沒力吆喝唱戲我也得給您鞍前馬後效力呀。您看要不要我這就過來？」

張總：「那你過來吧，趕中午我們談談。」

高手出招與眾不同，在這次的對話中，劉濤有效應用了贏得好感的4個訣竅：

- **氛圍的訣竅**

- 稱呼的訣竅
- 請教的訣竅
- 下級的訣竅

1 氛圍的訣竅

他在第一句話就立刻給出了一個身臨其境的氛圍描述，「我是創維的劉濤，昨天才到成都的，四川這裡的天氣真是悶熱呀。」不僅描述了地點，而且給出了對地點的親身感受，讓對方立刻有同感。這是一般在拉近與陌生人的距離時常採用的一個奏效方法。

對環境的描述通常都是中性的，但是如果描述的語氣、語調都比較符合多數人的同感，以及在對方的環境中也會聽到類似話語，那麼陌生人之間初期的距離感、疏遠感以及防範的心理就會逐步瓦解。

2 稱呼的訣竅

在溝通的過程中，一般在第三、第四個回合的時候給出一個關係親近的稱呼會讓對方的感覺比較好。「沒錯，他的成績還不錯，所以總部另有重用。現在換我過來，壓力大呀，您又是當地的大哥，我是北方人不習慣這個地方的氣候，您說我初來乍到的，第一件應該做的事情，是不是就是拜會當地的老大您呀？」

對話的最體現關係的就是稱呼。通常對人際關係問題沒有特別留意的人不會在意稱呼的不同用途，所以就比較一般地使用諸如張總、王先生、徐經理、胡處長等這樣的稱呼，這些都是比較正式的稱呼，正式的稱呼應該應用在比較正式的場合。

但是，人際交往的許多情形都不是發生在正式場合的，或者交往中有至少50％以上是發生在非正式場合的，所以非正式的稱呼是銷售高手必須掌握的，比如大哥、大姐、大叔、老弟，或者哥們兒等。使用非正式稱呼可以獲得這些稱呼平時的人際關係氛圍，這是銷售人員建立人際關係的重要技巧之一。

3　請教的訣竅

請教是中國社會中師生關係的體現。中國人尤其是有一定地位的人，比如幹部或者經理，甚至企業中那些掌控大權者，內心深處大都有一種教導別人的趨向。

國人在爭吵時常會脫口而出的一句話—— 讓我來教育教育你。就是讓我來當你的老師的意思。因為中國畢竟在傳統上有尊師重道的傳承，所以，老師是一個不錯的社會稱呼，這個稱呼也是人們內心嚮往的榮譽感。

所以，如果有機會讓與你談話的人有老師的感覺，那麼距離就近了許多。如何表達這樣的感覺？我們來看劉濤是怎麼說的：「張總，西南的徐經理已經調回總部了，您已經聽說了吧？」這就是主動當學生的意圖，假設對方已經知道了，不是那種通知性的，這個口氣如同徵求意見一樣。尤其是「壓力大」的話，更加滿足了對方要給予指點、給予教誨的心理預期。

4　下級的訣竅

即使是買賣關係，也是人與人之間多種關係中的一種。由於中國社會缺乏成熟的商業關係，所以，人與人之間的關係比較有限，只有父子關係、夫妻關係，以及普遍的沒有血緣關係的朋友

關係、君臣關係。其中，兄弟姐妹的關係其實是父子關係的一種演變，師生關係也是父子關係的變形。

中國社會沒有成熟的商業關係，所以，中國社會的人如果沒有血緣關係，那麼習慣的就是緩慢的社會關係中的朋友關係。在商業浪潮衝擊中國社會以前，朋友是不計較得失、兩肋插刀的，這種關係的外延通常是混淆是非、忽視理性、忽視原則、簡單化邏輯。

在商業思潮的衝擊下，朋友關係已經開始演變，多了許多商業內容，比如幫忙要求回報、彼此衡量得失、開始尊重一個社會公認的原則和道德等。這應該是文明的進步。此外，我們不能忽視的是君臣關係在買賣關係中的影響。作為買賣雙方為各自的利益服務，雙方本來應該是平等的。但是，平等是商業社會的用語，所以在沒有完成商業化之前的社會，買賣雙方總是要確定一個高下，彼此都在尋找互相制約、誰優勢誰劣勢的機會和可能。這就是中國社會熟悉的君臣關係的演變，也就是上下級關係。買賣雙方中也應該體現這種關係的內涵，這樣才有可能快速突破人際之間通常會有的障礙。

劉濤應用的請教方式是這樣的：「沒錯，他的成績還不錯所以總部另有重用。現在換我過來，壓力大呀，您又是當地的大哥，我是北方人不習慣這個地方的氣候，您說我初來乍到的，第一件應該做的事情，是不是就是拜會當地的老大您呀？」「您的話那是沒得說的，我是有錢出錢，有力出力，沒錢沒力吆喝唱戲我也得給您鞍前馬後效力呀。您看要不我這就過來？」

首先在語言中將自己的地位降低，「壓力大」「拜會」「鞍前馬後」等用詞都特別到位，從而在語言中明確了彼此上下級的關係，這就是中國封建社會君臣關係的內涵。讓對方的心理感覺通

暢、爽快，所以最後的邀約水到渠成。其實是一切在對方的控制和意圖下完成的邀約，這才是高手境界。

最後總結一下，贏得對方好感的要訣有：

1　氛圍的訣竅──突破陌生感，贏得贊同和認同。

2　稱呼的訣竅──人際溝通以非正式場合的稱呼為主導，將正式關係用非正式的稱呼來渲染和烘托。

3　請教的訣竅──努力爭取確定對方可以教育自己的時機、同情自己的時機，從而導致對方降低一般對陌生人常有的防範和疑心。

4　下級的訣竅──中國傳統文化根深柢固的君臣關係的體現，表現出君命難違的意思，讓對方感到有主控權，在掌控的情況下獲得對自己有利的結果。

討價還價中的好感應用

潛在客戶在銷售交往、溝通一段時間以後，在多家供應商之間權衡、比較以後，會發展到選擇階段。選擇階段一般發生在2～3個供應商之間。在這個階段，客戶的主要動機是為自己爭取最大的利益，並透過要求供應商降價來實現。

客戶的這個動機也在對話溝通中顯示出來。下面是一個客戶在討價還價溝通過程中左右腦的應用情況：

「我知道你們的計量設備的水準、品質都是一流的，我們公司內部都是認同的，沒有任何爭議。所以老闆吩咐我還是與你們談一次。這個價格確實比『准靈』公司的精準計量儀貴了一倍，

你讓我們怎麼能決定呢？」

「李總，准靈的設備你們也不是不知道，他們便宜是有原因的。在實際計量中你們在乎的不僅是精準，還在乎時間、快速給出精確到微米的數字。在測量各種材料的光譜中，我們的計量儀器不僅準確而且快速，在測量後你們的客戶等著要結果，你們能讓他們等那麼長時間嗎，再說……」

還沒等說完，李總搶著說：「小鄭，這個我們不是不知道，不然早就給准靈公司下單了，我也不會這麼遠跑過來找你談。」

「這樣好吧，李總，到底什麼價位您可以接受，您給我一個數，決定得了，我絕不為難您。要是差太多，那就是您讓我為難了。其實您也知道，在公司裡我不過就是一個幹銷售的，從早到晚東奔西跑，沒有一天踏實日子，還都是聽老闆的。到底接受什麼價位您直說，我聽著。」

「降個 10 萬這個要求不過分吧？」

小鄭一直注意著李總，保持著笑臉，從微笑到誇張地笑。李總有些詫異，接著說：「到底怎麼樣？成不成，給個話？」

「絕不過分，我要是您，比您還要狠。您是甲方，您的要求就是我們做乙方的首要義務，不過，我也是靠銷售生活的人，也就是說您決定著我們這些銷售人員的薪水。您也知道，我沒有決定權，我給您請示經理，您看成嗎？」

「那你什麼時候請示，我們現在手上的單子也積壓了，就等著設備呢。要不，你現在就請你們經理，我們中午一起吃個飯，這事就決定了，怎麼樣？」

「李總，我比您還想接這個單，都跟了這麼長時間了，您要是給准靈下單完成您的任務，我可就慘了。所以，無論如何這個

單不能沒有進展，我這就去請經理，我們吃飯一起說，您一定要多對經理說好話，告訴他明年你們會在廣州開分公司，這次定了，下次還會再合作。還有，您也可以說你們的夥伴也有需求，您說這些也就是幫我了，成吧？」

「好說好說，這不就成了嘛。」

一頓豐盛的午餐後，經理同意了8萬元的降價，李總推薦了他的3個也有計量設備需求的合作夥伴，雙方都得到了想要的，形成了雙贏合作。

以上的對話中，小鄭有效應用了示弱、贊同、爭取理解、獲得同情的技巧，這些訣竅都發源於右腦。

小鄭是這樣說的：「這樣好吧，李總，到底什麼價位您可以接受，你給我一個數，決定得了，我絕不為難您。要是差太多，那就是您讓我為難了。其實您也知道，在公司內我也不過就是一個幹銷售的，從早到晚東奔西跑，沒有一天踏實日子，還都是聽老闆的。到底接受什麼價位您直說，我聽著。」

小鄭這句話其實是一個重要的轉折，因為他上一句話其實還在用左腦呢，如李總，准靈的設備你們也不是不知道，他們便宜是有原因的。在實際計量中你們在乎的不僅是精準，還在乎時間，快速給出精確到微米的數位。在測量各種材料的光譜中，我們的計量儀器不僅準確而且快速，在測量後你們的客戶等著要結果，你們能讓他們等那麼長時間嗎，再說……」這些都是基於利益陳述的思路。但是，由於客戶已經完全認可了這些利益，因此再次使用這些利益讓客戶接受價格就已經無效了，所以客戶打斷了小鄭的陳述。

在這個陳述遇到挫折後，小鄭迅速轉移到右腦，真不愧為高手的表現：「絕不過分，我要是您，比您還要狠。您是甲方，您的要求就是我們做乙方的首要義務，不過，我也是靠銷售生活的人，也就是說您決定著我們這些銷售人員的薪水。您也知道，我沒有決定權，我給您請示經理，您看成嗎？」充分的示弱：「我也是靠銷售生活的」；贊同對方：「我要是您，比您還要狠」，獲得了客戶一定程度的同情。最後他採用了右腦策略，就是要求客戶有一定程度的配合承諾，共同爭取自己的經理的同意。

總結一下，在議價過程中要獲得客戶好感有3個右腦技巧：

1　率先示弱，贊同對方，爭取理解，獲得同情。

2　爭取承諾，落實合約。

3　留有餘地，爭取採購前的電話。

銷售人員在初期建立關係時有效獲得客戶的好感有一個重要的前提，就是必須知道與你交往的人對你的感覺有一個敏感度。如果連基本的敏感度都沒有，就不必談建立好感的關係了。

對人際關係的敏感包括傾聽的能力、識別的能力、人物意圖判斷的能力，甚至需要相當多的左腦參與。左腦在判斷對方話中有話的意圖時起了至關重要的作用，那就是邏輯推理和分析的能力。這個主題，將在第4章中陳述。

銷售人員與潛在客戶的交往從初期接觸到最後就某個合約成交，對於比較大型的採購案來說是比較漫長的程，人與人的交往和關係的建立、發展、過渡都有著其內在的規律。建立好感是資深銷售顧問們共同的特質，這些特質讓他們快速被周圍的人接受、喜愛，儘管這些周圍的人只是認識不到1小時的陌生人。具

備這樣一種人際關係能力，不僅可以讓他們取得成功，同時也給他們生活的快樂增加了更多的機會，更多的發展選擇。

好感的延續以及關係的維護

研究專案中的紀錄特別提到了中期關係的維護問題。當保險公司的銷售人員初次接觸客戶以後，要安排適當的回訪，也就是第二次接觸。在車行中，第二次接觸也是經常發生的事情。大型工業原材料產品的銷售，比如卡車的銷售，也需要銷售人員與客戶進行多次接觸，甚至每次的接觸都要到一個更高的級別。所以，第二次接觸，以及三次接觸就是銷售人員全腦銷售博弈的一個思考點。

第二次接觸的主題是什麼？給客戶打通電話以後的開場白是什麼？電話接通的那個瞬間，客戶頭腦中想的是什麼？他對銷售人員又有什麼期望呢？在給客戶打電話前，就要設計好一個有針對性的流程來迎接客戶的固定思維。

潛在客戶在接聽銷售人員打來的電話時有三種思維模式：

1　肯定是要求我儘快採購他的產品
2　肯定是用降價或者打折的方式要求我採購產品
3　肯定要說的事情不是我關心的，也不是我感興趣的

這3個思維都是來自右腦，是一種固定的習慣。在我們訪談大量銷售業績並不理想，以及一些剛入門的銷售人員中，他們在給客戶打回訪電話時，往往開場白都會落入客戶的預想。一旦客戶聽到了他預想的內容，內心就會更加提高防範：果然是來要求

我下訂金的；或者，果然是降價╱打折的；或者，果然不出我所料，就是來煩我的。這三個定式的邏輯發展脈絡，就破壞了初期接觸建立起來的點滴珍貴的個人關係。同時，降價的說法也促使潛在客戶繼續等待、繼續要求更多的折扣的心態萌芽。如果是來要求我下訂金的，無論銷售人員如何解釋，客戶都會認為你關心的就是將產品銷售出去，而不是關心我是否真正需要這個產品。這種初級銷售人員的開場白和電話溝通的內容也是來自銷售人員的一種本能與下意識習慣。從繼續維護客戶關係，推進好感的角度出發，每打一個客戶回訪電話，都要進行簡單的設計。這樣就可以用左腦的設計來戰勝客戶右腦的感覺。請看下面的銷售顧問回訪的例子。蕭蓉燕是賓士車行的銷售顧問，她打通了一個客戶的回訪電話。

　　蕭蓉燕：「您好，張女士，我是賓士車行的蕭蓉燕。這次來電打擾您，不是說您買車的事，而是另外有一件事情，能麻煩您嗎？您現在說話方便嗎？」

　　張女士：「小蕭，你好，你先說什麼事情？」

　　蕭蓉燕：「從您上次來我們展場到今天，已經都一個多月了，我現在還記得您用的那款香水呢，那個香味實在很特別。今天，德國賓士總部來了一位亞太區的市場總監，指導我們展場的工作，而且也恰好進了一些全新的車款。在開會時，我就覺得她的那個香水的香味與您的特別類似。所以就想起您了，想問您一下，那是什麼牌子的香水呢？」

　　張女士：「噢，就這個事情呀。不過，那個香水的確不是在國內買的，而且挺不好找，是我朋友從歐洲帶回來送我的。牌子

我也記不清了。」

蕭蓉燕：「哎呀，一定是外國的香水，肯定沒有中國名字吧？」

張女士：「就是，而且好像還不是英文，我現在想，還真有可能是德文。但是，我看不懂，所以，也就沒有仔細看。你怎麼沒有問你們德國來的總監呢？」

蕭蓉燕：「您知道的，我不會說德語，英語也不好，所以，就沒敢直接問，我覺得肯定與您的那款一樣。」

張女士：「這樣，如果我朋友再去歐洲，我托他給你帶一瓶怎麼樣？」

蕭蓉燕：「那可太好了，不過確實是太麻煩您了。要不，您看我什麼時候將錢給您送過去。大約多少錢？」

張女士：「不用，等帶回來再說吧。不過，你也不用來，我還想下周要去你們展場呢。上次說的那款CLK240的香檳色有現貨了嗎？」

蕭蓉燕：「真是不好意思，一直都沒有貨，所以我也不好意思打電話打擾您。除了香檳色，其他任何顏色您都不考慮嗎？」

張女士：「那倒也不見得那麼死板，我其實就是想找一個顏色比較少見的，這樣不至於與周圍這些朋友的顏色一樣。」

蕭蓉燕：「對，對，有個性，有特色，而且時尚，別人想要也不多，對嗎？」

張女士：「對，就是這個意思。」

蕭蓉燕：「我們還有四種比較少見的顏色，現在展場有三種，一個是橄欖綠、一個是寶石紅，還有一個是海藍。我們在電話裡說不清具體的樣子，想像起來也抽象，您剛才說下周來我們展場，周幾呢？」

隨後的電話溝通約定了時間，張女士果然來看現貨的車了。在不到30分鐘的過程中，簽訂了購車合約。

這段對話就是設計過的，開場白的內容絕對不能進入客戶預料的3個可能性。出奇制勝，從客戶用的香水開場是優秀的銷售顧問推進關係的能力。請讀者回顧一下，你周圍關係比較親近的朋友，是不是會有互相求人說明的情況。所以，請求別人給予我們幫助，其實是一種主動推進關係的行為。客戶沒有預料到你的電話的內容，就是「全腦銷售博弈」要強調的內容。最後總結一下，「全腦銷售博弈」訓練銷售人員應從以下三個方面來做電話回訪、擴大好感以及維護已經建立起來的融洽的關係：

1　從客戶感興趣的事情談起，比如他用的東西、他的愛好、他的習慣等。

2　從客戶自己的職業開始談起，比如他公司的客戶、他公司的發展、他公司遇到的問題等。

3　從請求客戶給你說明談起，一定要是客戶舉手之勞就可以幫助你的小事。透過方便的小事就可以幫助到你，對方也會有滿足感，從而建立關係。

 銷售決勝點

在銷售初期獲得一定的好感後，在第二次回訪、第三次回訪時都會涉及上述三個關鍵技巧。關係是需要不斷維護、不斷給予新的內容來強化的。

第4章

銷售中期的博弈——

她從柯達拿下500萬訂單

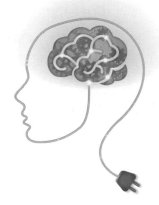

柯達準備在中國為其1000家加盟店採購模具,總金額達500多萬元,這是柯達在中國試採購的第一筆訂單⋯⋯

張麗華,一家民營企業的資深銷售顧問,在產品價格高於同行水準的背景下,走進了柯達中國設備製造部採購經理王江榮的辦公室⋯⋯

所謂銷售中期，指銷售人員與潛在客戶的若干人員進行了一段時間的接觸後，建立起了初步的關係。客戶談到了他們的需求，也談到了可能的合作，但是，就是遲遲沒有新的進展。每次你引導客戶要求簽約的時候，客戶總是以各種藉口推辭、拖延，甚至是在不同的供應商之間反覆權衡、進行比較，既比較價格也比較品質和性能。總之，銷售過程發展到了此時，似乎看到了合約的簽訂，但是，這個合約簽訂的希望一直是一個遙遠的幻象，處於一種虛無縹緲的、看似唾手可得實際卻飄忽不定的狀況下。在銷售發展的過程中，這個階段就是銷售中期。

在進入本章之前，我們先來回顧一下與本章聯繫密切、也為本章提供理論基礎的資深銷售顧問「全腦銷售博弈」研究成果的法則第11條和第12條。

法則11：左腦依靠資訊來決策，右腦依靠感覺來判斷。

法則12：左腦考慮收益，右腦考慮成本；左腦考慮價值，右腦考慮價格。

一個大額採購的契機

銷售人員經過小心謹慎的銷售初期接觸後，順其自然地就走到了中期階段。在初期階段，不僅銷售人員收集到了大量有用的

潛在客戶的資訊，潛在客戶也收集到了銷售人員提供的產品若干資訊。是否採購取決於客戶考慮的是收益還是成本，客戶是習慣用左腦來分析還是習慣用右腦來感覺。此時，客戶無論從心態上還是從語言行動上都步入了銷售過程的中期，於是，便出現了本章開頭談到的銷售中期的各種可能情況。

很顯然，再走銷售初期的老路與客戶打交道是不合時宜了。那麼，一旦銷售人員透過觀察、交流、分析察覺到客戶已經發生了變化，呈現出中期階段可能的特點時，該如何應對呢？

我們從研究專案的資料庫中找到一個真實案例，案例中的人名我們做了化名處理。

上海滬升集團是一家民營企業，以包裝印刷為主營業務，其下屬公司專門從事模具生產和銷售的業務。張麗華是公司的一位資深銷售顧問。她非常清楚，模具行業的競爭非常激烈，不僅有國內企業，如海爾等大型企業的競爭，同時還有國外的老牌公司。但是，在訪問了張麗華的客戶以後，我們發現，這些客戶沒有一個是因為張麗華的競爭對手給予優惠的價格而願意中斷與張麗華的合作的。我們深入挖掘其中的原因，從她開始銷售的對話中找到了更多的答案。

王江榮是柯達中國設備製造部行政辦公室的採購經理，主要負責影印機設備元件的採購任務。柯達在中國的影印服務加盟店已經超過1000家了，因此，就需要為這1000多家的影印設備採購組裝零件及備件。實際上，主要是採購這些零件的模具。張麗華就是在王江榮尋找模具供應商的時候預約了面談的機會。

那是上海悶熱的夏天，一個周五的下午。一身職業女性的著裝讓她看上去幹練、熱情、穩重和成熟。由於是一個已經確定了

的電話預約，因此，前台祕書看了一下台上的座鐘，將張麗華引到一間小會議室。

張麗華環顧會議室牆上懸掛的各種反映柯達悠久歷史以及精細工藝的圖片，內心感慨的同時，不斷提醒自己今天要達到的目的。伴隨著有力的腳步聲，王江榮走進了會議室。張麗華以前沒有見過王江榮，看見進來一位西裝革履、30多歲的先生，她自然地判斷，此人應該就是王江榮經理。

張麗華很有分寸地把握住關鍵時機，首先伸出了手說：「您就是王經理？您好！我是滬升集團下屬模具公司華東區的銷售顧問張麗華。這是我的名片。」

王江榮：「你好！抱歉，我們約好了今天，可是上午剛接到總部那邊的通知，下午4點要開一個統一的電話會議，所以恐怕我只有不到一個小時的時間。」

張麗華：「噢，這樣。可見柯達在中國的發展是多麼迅速和緊迫呀。」（右腦思考，讚揚客戶，獲得好感的要訣。）

王江榮：「是的。我現在負責的採購任務主要就是為中國1000多家終端服務店面提供一款影印機的關鍵零件，我們需要可靠的模具。我們以前沒有接觸過滬升，您能否介紹一下你們的企業呢？」

張麗華：「當然。我們是一家已經發展了10年的民營企業，1999年上市。從最初的印刷包裝已經發展到了模具設計、生產、服務，同時也擴張了更多的業務。不過，我們畢竟是一家民營企業，可能有許多標準不一定能達到像您代表的這樣一個國際知名的500強企業的要求，因為，柯達畢竟是以高品質著稱的企

業。我能否請問您一個問題呢？」（適當地介紹自己的企業，試探潛在客戶的左腦，是否可以建立專業的印象。對客戶提問而不是簡單地回答潛在客戶問題的這種方式，是一種從銷售初期向銷售中期發展的技巧。讓客戶感知，銷售人員試圖理解他、瞭解他內心的想法，有利於提供符合需求的產品意圖。）

王江榮：「對呀，我們非常關注供應商的品質，你想問什麼？」

張麗華：「柯達現在要給1000家提供的影印機零件以前是在國內生產的嗎？」

王江榮：「以前我們是在日本生產的，但是現在在尋找國內的高品質供應商。」

張麗華：「那麼，一台影印機的零件有很多，都需要訂製模具，不會立刻都在國內訂製吧？」（銷售人員的左腦應用。從專業性上展開，按照邏輯線索試圖主導客戶的思路向對銷售人員有利的方向發展。）

王江榮：「你說對了，我們初期先拿一些非關鍵部分的零件在中國製造，同時也準備嘗試採購國內的模具。如果國內的模具水準、品質無法得到保障，我們可能還是要維持採用日本的模具的。」

張麗華：「非常理解柯達的戰略，是否初期的零件的需求量會很大呢？比如一些易損件，經常更換用件？」

王江榮：「看樣子你是研究了我們的戰略的。你說得很對，初期需要模具製造的零件的確量很大，而且是一些經常更換用的，有的還是要備份的。」

張麗華：「其實畢竟在這個行業時間長了，也給寶潔提供過一些模具，因此熟悉了500強企業的管理模式和一般性戰略。所以，我估計你們初期要的模具應該主要是用來製作影印機內塑膠構件的吧？」（王江榮重新拿起張麗華的名片看了看）

王江榮：「看樣子，你是行家，你說得都對。我們初期需要16個塑膠構件的模具，有些是注塑模具，還有一些要求擠出模具，你看你們有能力提供嗎？對了，你們給寶潔提供的是什麼類型的模具呢？」（張麗華從自己的包裡拿出幾張彩印資料，在桌面打開）

張麗華：「我們為寶潔提供的基本上都是有關塑膠構件的成型模具，有注塑的、有擠出的、也有吹塑的。寶潔給我們的印象非常深刻，他們對品質的要求簡直到了吹毛求疵的地步，好在我們經得起考驗。為了滿足他們對品質的要求，你看（指著畫面），我們為他們採用德國進口材料製作模具，就是為了確保模具上機以後，運行次數可以達到8萬次。如果用國產材料，雖然模具便宜一些，但是，4萬次就報廢了，還要耽誤更換新模具的時間，根本無法滿足企業對生產率的要求，結果反而貴了。王經理，柯達對生產率的要求如何？」

王江榮：「我們的要求可能不比寶潔低，我們對生產率的標準也是很高的。」

張麗華：「對呀，量又大，而且是易損件，還要備份，肯定是要求高生產率的。那麼，你們會要求模具的使用次數嗎？如果次數要求不高，可能用國產材料就可以了。不知道次數不高，對你們有什麼影響？」

王江榮：「就按照你們給寶潔的要求給我們供應吧。如果上

機以後次數太低，肯定影響效率，況且，我們對品質的要求也是非常高的。」

張麗華：「那麼，也就是說，如果按照給寶潔的同樣標準來提供，對你來說應該比較容易決定了？」

王江榮：「現在說還為時過早，你是我見到的本地模具供應商的第二家，我還要再見一些。」

張麗華：「真是太一樣了，連採購都如此相同，難怪都說500強企業的競爭力強呢！」

王江榮：「你說什麼一樣？」

張麗華：「我們給寶潔展示我們的模具，以及可以提供的產品時，他們在華東找了5家作為可能的供應商。用了3個星期的時間分別考察這5家供應商，最後，我們都沒有想到，第一年的合約全都給了我們。現在看來，你也是要找到5家供應商，然後透過一個嚴格的考察流程，對嗎？」

王江榮：「對的。後來寶潔為什麼選擇了你們？」

張麗華：「在5家模具供應商中，我們是唯一採用CAD最先進的電腦程式來輔助設計模具的，精度最高；我們是唯一從德國進口模具材料的，確保使用的次數不低於8萬次；我們是唯一採用日本進口的模具加工機床的，確保加工工藝以及流程的嚴密；而且，我們機床上製作加工模具的師傅都是在日本學習模具製造專業畢業的。這樣四個唯一，寶潔就將合約給了我們。初期，我們比較擔心寶潔對時間的要求比較緊迫，可是，為了獲得品質的保證，我們從下單到最後提交模具會比其他供應商慢一段時間，後來寶潔提前與我們簽約，他們不在乎時間，最在乎的就是品質。」

王江榮：「我們最後選擇供應商的時候，還會考慮供應商之

間的價格，不知道你們滬升的價格是否有競爭力？」

張麗華：「聽您問話就知道您是採購方面的專家，既關注質量，又關注價格。我們滬升提供的模具的價格是比較高的。尤其是按照模具的購買價格來說，會高一些。寶潔的採購也這樣問我們，我們是5家中最高的。但是，還是寶潔給我們上了一課。他們說，模具的價格便宜一點，勢必會影響到使用的原材料，因此影響到上機以後的注塑次數，如果次數下降一半，便宜20％又有什麼意義呢？聽了他們這番話，我們才真正理解外國企業是如何看待競爭的。另外，你們最後會在什麼時候向1000家服務店供應影印機呢？」

王江榮：「應該是兩個月以後，但是，我們在兩周之內就要確定供應商。我們也會非常看中性價比，畢竟，給老闆彙報，必須談到價格呀。」（張麗華看了一眼掛在會議室牆上的鐘，她好意地提醒）

張麗華：「王經理，你看已經3點45分了，你是否要去參加電話會議了？」

王江榮：「噢，對。這樣，這是我的名片，你等一下，我將我們這次所需要的16個零件的要求和規格給你一份資料，如果你下周有空，我們能否再談一次？真的抱歉，這次實在是臨時的會議。」

張麗華：「好的，沒有關係，能否請您還有影印機的塑膠構件工程師一同來我們企業參觀呢？我安排車輛，隨時可以來接您。」

王江榮：「我要聯繫一下。這樣，明天上午我們通一個電話，來確定這個事情，如何？」

張麗華：「好的，您先去開會吧，我明天幾點給您電話合適？」

王江榮：「10點吧，等一下我安排辦公室的祕書將資料給你拿過來，我就先不送你了，明天我等你電話。」

斬獲訂單的多種博弈

以上的銷售對話發生在2002年。滬升集團的高級銷售顧問參加了我們的研究項目。在給該企業提供一次銷售模式訓練後，我們陪同滬升模具華東區銷售經理在拜訪客戶時記錄下了上述對話過程。

這個對話結束後，張麗華的銷售進展就已經進入了銷售中期。我們充分地分析了上述這段對話，預料了如下3個結局：

1　柯達的這個塑膠構件模具的訂單肯定非滬升莫屬。

2　柯達不會在價格上堅持它們的要求。

3　如果簽約，這將是一個長期的合約。

雖然，在初次的談話中張麗華已經引導客戶採用邏輯思考的方式來尋找模具的供應商了，但是，真正獲得客戶的充分信任並確定一份500萬元的合約，肯定需要銷售中期不同層面的努力。為此，我們為滬升設計了如下步驟來推進銷售中期的進程：

1　邀請對方的王經理及其他有關的工程師，或者柯達的其他人員，比如財務人員等參觀、訪問滬升，不僅參觀車間，還安排到寶潔參觀。

2　提供模具採用德國材料的訂單，以及訂貨的到期日給對方看。

3　邀請客戶參加滬升模具加工機床的供應商，即日本由泉

機械會社與滬升工程師的技術精進聯席會議。

在隨後與柯達不同層級的人員接觸中，包括了請客吃飯、參觀、會議等許多正式、非正式的接觸和溝通。之後的兩周，柯達與滬升簽訂了一年的模具供貨合約，價值500多萬元。

我們很輕鬆地說到了結果，獲得了預料中的訂單。但是事實上，上述「與柯達不同層級的人員接觸中，包括請客吃飯、參觀、會議等許多正式的、非正式的接觸和溝通」，這簡單的一句話，卻包含了很多處於銷售中期階段的銷售技能和策略應用。

這些正式、非正式的接觸和溝通，都從不同的角度發揮了促成簽約的作用。雖然，正式溝通中需要足夠的材料以證明自己企業的優勢，需要足夠的實例讓潛在客戶的右腦獲得放心的感覺。但是，非正式溝通中的那些交往也對最後的成交起到了巨大的幫助作用。

張麗華作為滬升模具的高級銷售顧問，幕後還有兩個助手協助她完成這個項目，一個是技術專家，另一個就是溝通專家。在滬升與柯達的多層級不同人員的接觸中，這個溝通專家的作用在我們的研究專案中脫穎而出，這裡給他的化名叫李常。我們為他總結了如下的溝通輔助能力。

掌握話題的能力

非正式溝通強調的就是在與潛在客戶的談話中是否可以駕馭各種不同的話題，尤其是與合約沒有直接關係的那些話題，比如菸、酒、請客吃飯時的各種菜系，以及給對方工程師送的茶葉、

各地風土人情的相關常識等，甚至還包括各種當地方言、特殊詞彙等都要有所瞭解。

1 菸

與客戶打交道互相敬菸是經常發生的事情。當對方推辭、客氣、謙讓的時候，用什麼話語讓對方無法拒絕就是一種高超的說服能力。也是一種左右腦共用的能力。讓我們來看李常給我們講的故事：

有一次，柯達的一個高級工程師來滬升參觀模具加工車間。休息時間到了廠房外，我就陪同他出去。原來他是菸癮上來了，要抽一支菸。我看他拿出了中華菸，此時我便拿出中南海，並快速從菸盒中拿出兩支遞到他的手中。他剛要推辭，我馬上說，還是抽中南海吧，聽說這是小平同志喜歡的菸。對方接過菸點上，我接著說：「您的菸癮大嗎？」他答：「3天一包吧。」我說：「那我建議您以後還是少抽中華，因為中華是烤菸型香菸，中南海是國內少見的混合型香菸。」此時，對方好奇地看著我，我接著說：「您看菸盒上寫著的，烤菸型，我的這個菸盒上寫著的是混合型。二者主要的不同就是一般混合型香菸的焦油含量和尼古丁之比是11：1，而烤菸型大多是13：1或者14：1。香菸中對人體最有害的成分應該是焦油，代謝非常慢，而尼古丁的代謝一般只需要半個小時就隨尿液排出體外了。可見焦油的危害有多大。所以以後還是抽混合型的好，不要抽烤菸型的了。歐美流行的趨勢就是向混合型發展。雖然烤菸型的口味比較考究，因為菸草是經過烤製的，有特殊的味道，但是危害大

呀。以前的駱駝菸我是不抽的，因為它是烤菸型中最厲害的一種菸，但是駱駝也是第一個拋棄烤菸型的，採用混合型後最終成功了。」

此時，這個工程師一邊抽菸一邊認真地聽我講話，專注地看著我。我知道，在他心目中，上面那段話起到了關鍵的作用。

2　酒

有關菸的知識要多瞭解，這樣在與他人溝通時，可以顯示專業及博學的印象。這也是右腦致勝的方法，讓對方對你的好感不斷得到強化。

說到酒也一樣，如果你可以將酒的製作過程講明白，在飯桌上喝酒時則可以頭頭是道，控制話題權。比如，酒的生產方法通常有3種：發酵、蒸餾和配製。生產出來的酒也稱為發酵酒、蒸餾酒和配製酒。發酵酒是指將製造原料，通常是穀物或水果汁，直接放入容器中加入酵母菌發酵而成的酒液。飯店裡常用的發酵酒有葡萄酒、啤酒、果酒、黃酒、米酒等。蒸餾酒是將經過發酵的原料（發酵酒）加以蒸餾、提純，獲得的含有較高酒精濃度的液體。通常經過一次、兩次甚至多次蒸餾，便能得到高品質的酒液。飯店裡常用的蒸餾酒有金酒、威士卡、白蘭地、朗姆酒、伏特加酒、德基拉酒和中國的白酒，如茅臺酒、五糧液等。

這就是一個卓越的銷售顧問應該涉獵的各種知識面，從而強化在客戶頭腦中的右腦印象。當客戶心中的好感不斷得到強化、深化時，客戶就願意與你在一起聊天，當然也就得到了許多成交的機會。

同樣，我們對如下的這些相關知識也應該做到初步瞭解，如中國的四大風味、八大菜系。這四大風味分別是魯、川、粵、淮揚；八大菜系一般是指山東菜、四川菜、湖南菜、江蘇菜、浙江菜、安徽菜、廣東菜和福建菜。

作為中國傳統飲品的茶，銷售人員也應該略知一二。外國的咖啡也要有所耳聞，各地風土人情都要粗通一些。一句話，只要通曉了中國茶、外國咖啡、天氣、風土人情、各地民俗、中國主要地區方言的簡要含意，這樣的銷售人員在各種場合都會受到熱烈歡迎。

拓展周邊關係的能力

在滬升與柯達的銷售中期階段，滬升的銷售團隊不斷尋找各種可能的機會來接近柯達採購團隊的人，尤其是他們周邊的人際關係網。這也是最後拿下 500 萬元合約的一個關鍵因素。拓展客戶周邊關係有 4 個突破口。

1　求客戶幫忙

怎樣有藝術地開口，如何巧妙地提出請求，從而使對方無法拒絕。

在第 3 章賓士車行蕭蓉燕回訪客戶的電話中，已經介紹了相關回訪要提高的開場白技巧，就是拓展周邊關係的能力體現。

2　接近客戶周邊關係的方法

客戶的周邊關係包括客戶的孩子、家人、朋友、同事等。要

接近客戶周邊關係，既要找到恰當的途徑，也要有高超的找藉口的能力。

從客戶的孩子入手也是一個非常巧妙的突破口。只要有孩子，人人都會將自己的孩子作為生活中一個相當重要的中心。

許多事情都是以孩子為中心，也就是說，客戶心目中重要的核心關鍵是孩子。所以，我們的研究專案中至少有1／4的成功原因是銷售顧問與潛在客戶就他們的孩子問題這個主題進行了多次的溝通。有關孩子教育問題可以參考的雜誌有許多，《父母必讀》是相當有用的一本銷售工具雜誌。另外，請客吃飯的能力、送禮的藉口等都是關鍵的「全腦銷售博弈」中要提高的組成部分。中國是崇尚禮尚往來的國度，有著悠久人際交往禮儀積澱的泱泱大國，大家在生活中都會遇到這些事情，以至於成了很普通的事情。但是，的確蘊含著很深刻的人情世故在裡面，這裡就不一一展開了。

3 創造機會

例如，如何發出邀約，並提出合情合理的讓客戶情難辭卻的請客藉口，或者讓客戶不得不接受的請客藉口，或者不得不接受上門展示產品的拜訪，或者不得不介紹周圍朋友聯繫方式的要求，這些都是創造額外機會的能力。

4 送禮的選擇

例如，要考慮到送禮的時間、地點、環境、禮品的意義，以及充足的藉口。禮品是有形的，關於禮品的故事、含意、意義則是無形的，塑造無形價值的能力就是送禮選擇需要鍛煉的一種特

殊的技能。

挖掘競爭對手的能力

柯達畢竟是一家有著悠久歷史、經驗豐富的企業，它們對採購有著自己嚴密的體系、標準的流程從而確保找到合適的供應商。因此，在對一家供應商有意向之後，當然還會比較，擴大自己的選擇面。一個不會擴大自己選擇面的商家肯定不是成熟的商家。於是，滬升這個合約遇到了相當激烈的競爭。當客戶在不同的供應商之間比較、挑選的時候，他們的左腦控制著自己的看法和印象。客戶左腦思考的是從不同供應商處獲得利益的大小，此時，要對客戶異議妥善處理涉及3個方面：

1　處理客戶話題中涉及競爭對手情況的能力

要巧妙地應對客戶向你詢問你的競爭對手的情況，不能惡意攻擊競爭對手，應該將客戶關注的重點轉移到兩個方向上：一個是客戶自己的實際需求，以及需求中最關鍵的點；另一個是轉移到我方產品、品質、服務的強項上。

當第一個方向與第二個方向匹配的時候，客戶最終的選擇還會是我們。在滬升與柯達的例子中，我們看到客戶最需要的不是讓價，而是模具上線後的效益、耐久的問題，而這恰好是滬升的強項。

2　處理客戶實際決策中為難的真實情況的能力

客戶在決策的關鍵時刻也會表現出真實的為難，比如價格超

出了對方的決策能力，而對方又沒有足夠的勇氣敢於承擔責任向上級要求追加預算，此時就是真正的為難，這種情況也是一種右腦感知。左腦得到的信號是供應商可靠，可以合作，右腦表現的是實在是超出許可權，無法決定。此時，有效策略應該是從客戶中更多的關係入手，或者有步驟地削減提供服務的規模，產品的等級方面也可以適當下降。總之，要給客戶一個選擇的餘地，如果不提供客戶選擇的餘地，市場上肯定會有競爭對手提供給客戶這個選擇餘地的。

3　動機推測的左腦能力應用

　　客戶決策中決策者個人都會存在哪些可能的動機呢？（下頁圖4-1）列出了客戶決策中可能的動機問題。許多銷售顧問停留在一個較高的水準上，不能百尺竿頭更進一步成為卓越的銷售顧問的主要原因，就是沒有區別客戶採購的真正動機。往往向對方銷售的是組織動機，比如品質可靠、服務優良等。由於任何採購都是由人來執行的，因此，人的決定肯定會受到個人動機的影響。個人動機多數來源於右腦的感覺。個人動機中有的與組織動機一致，有的與組織動機不一致。作為銷售人員應該認清對方在意的那些與組織動機一致的個人動機，並給予滿足，從而獲得對方對你的認可，這是一種右腦的認可。

　　關於客戶的動機問題會在第12章中談到。

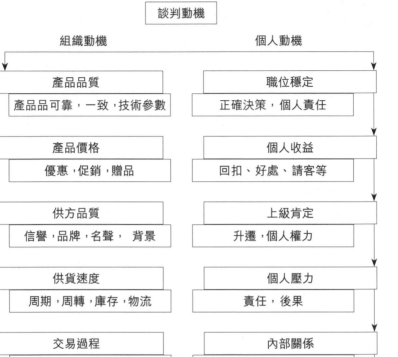

圖 4 - 1 客戶決策中可能的動機

張麗華與客戶的博弈分析

張麗華的確是一個出色的銷售顧問，她非常熟練地使用了全腦銷售博弈中的銷售技巧，我們對她和客戶之間的對話進行了重點分析。

銷售初期：張麗華受到兩個無形的壓力，一個是老牌的、大型500強企業與民營企業不成比例的壓力；另一個就是會見受到了時間限制的壓力。但是，張麗華沒有動搖自己在拜訪客戶前制定的流程計畫，她做到了三個步驟，第一，主動開口並遞出名片；第二，沒有首先拿出自己企業的資料；第三，抓住了提問的機會。

張麗華：「當然。我們是一家已經發展了10年的民營企業……可能有許多要求和標準不一定可以達到像您代表的這樣一個國際上知名的500強企業的要求……我能否請問您一個問題呢？」

在回答了王江榮提的要求之後，張麗華沒有按照客戶的思路，而是扭轉了一個思路，反過來提問。她採用了示弱的方法來迴避客戶對自己企業資質的質疑和審視。示弱以後，符合邏輯地反問客戶一個問題，而且問得非常自然。其實，在銷售培訓中，我們強調只有在銷售人員開始提問，且客戶比較配合地回答時，銷售過程才由初期階段轉移到了中期階段。由於銷售初期的目的是引發潛在客戶興趣，張麗華圓滿完成並順暢地進入了銷售中期。銷售中期的目的是贏得信任。我們來看張麗華是怎麼做到的：

1　對客戶需求的準確判斷。（透過提問試探出來的，卓越的行業知識。）

2　成功客戶的自然引證。（順便說出了寶潔，似乎是舉例

一樣自然。）

3 有效地銷售了標準。（在介紹寶潔對供應商的選擇過程中，自然地點出了滬升的四個一流標準。）

這3個手段都是圍繞著獲得客戶信任為目的而展開的，並且已經在開始制約客戶可能在銷售後期的價格異議。她是這樣鋪陳的：

「寶潔給我們的印象非常深刻，他們對品質的要求簡直到了吹毛求疵的地步，好在我們經得起考驗。為了滿足他們對品質的要求，你看（指著畫面）我們為他們採用德國進口材料製作模具，就是為了確保模具上機以後，運行次數可以達到8萬次。如果用國產材料，雖然模具便宜一些，但是，4萬次就報廢了，還要耽誤更換新模具的時間，根本無法滿足企業對生產率的要求，結果反而是貴了。」

「那麼，你們會要求模具的使用次數嗎？如果次數要求不高，可能用國產材料就可以了。不知道次數不高，對你們有什麼影響？」

「真是太一樣了，連採購都如此相同，難怪都說500強企業的競爭力強呢！」

以上一系列的話語都是在拜訪前經過精心策劃的，預料到客戶有可能會在價格上提要求。因此，在銷售初期就做了埋伏，在銷售中期獲得信任的同時，為銷售後期奠定了議價的實力。對於銷售人員來說，銷售後期目的就是為企業簽訂有利潤的合約。因

此，在銷售後期一定會遇到價格問題，在張麗華典型的嘗試簽約的提問之後，他們的銷售對話進入了銷售後期。

張麗華：「那麼，也就是說，如果按照給寶潔的同樣標準來提供，對你來說應該比較容易決定了？」這句話是典型的嘗試簽約，在這個點以後的對話基本算是銷售後期。客戶果然談到了價格問題。

王江榮：「我們最後選擇供應商的時候，還會考慮供應商之間的價格，不知道你們滬升的價格是否有競爭力？」張麗華是這樣回答的：「還是寶潔給我們上了一課。他們說，模具的價格便宜一點，勢必會影響到使用的原材料，因此影響到上機以後的注塑次數，如果次數下降一半，便宜個20％又有什麼意義呢。」

既呼應了前面對話中對寶潔的引入，又強調了品質對企業的作用，而且，有效地運用了性價比的概念。在銷售後期將近結束的時候，張麗華非常靈活地處理了一個比較可能陷入尷尬的局面，那就是客戶可能會忘記時間，但是他的確是要開會。所以，張麗華主動提醒客戶的開會時間，屬於主動在價格上迴避，並選擇在展示企業實力以後，再回到價格上來處理。所謂展示企業實力，就是邀請客戶對企業進行參觀，更高級的邀請不僅是邀請王江榮，還包括邀請他們的工程師。這說明張麗華透徹地理解了銷售培訓中指出的決策人周圍的影響力模型，這也是最後如願以償拿下客戶的一個非常重要的環節。

張麗華行為背後的祕密武器

張麗華在精彩的銷售拜訪中，既引導了客戶需求，有針對性

地突出了公司以及產品的優勢，瞭解了柯達採購的決策過程、時間表，明確了下一步的溝通計畫，又為可能的價格以及交貨時間的異議做出了適當的鋪陳。透過上述的對話過程，不妨反思其中的精髓，做到像張麗華那樣銷售，需要銷售人員具備怎樣的素質和技巧。

首先，銷售人員必須具備對客戶、競爭對手、本公司關鍵影響因素的分析方法、分析能力，並具備豐富的行業經驗和熟練的銷售技巧。

- 瞭解客戶，以便站在客戶的角度突出公司以及產品優勢，並加深客戶對自己需求的理解與重視。如案例中張麗華瞭解寶潔、柯達這類國際性大企業的經營理念、價值觀和採購戰略。他們注重品質、注重效率、注重規範的採購流程，以及與達到國際品質水準的本土供應商的合作願望。
- 瞭解競爭對手，突出本公司的獨特性。國際性大企業具有地理位置上的劣勢，與供應商溝通不方便；而國內企業產品質量也參差不齊。
- 瞭解自己的優劣勢，揚長避短：如本案例中的滬升公司，其優勢就是服務過像寶潔這樣的500強企業，從產品設計、生產設備、原材料、生產員工都具有國際化的品質水準，因此產品質量能夠得到切實的保證；其劣勢就是公司品牌影響力小。

其次，設定拜訪目標與實現目標的方法與技巧。

讓柯達中國設備製造部行政辦公室的採購經理王江榮感受到

他需求（品質、效率）的重要性，突出自己的產品在滿足柯達需求上的獨特優勢。瞭解採購進展狀況與時間表，明確下一步的溝通計畫。

最後，進入銷售中期之後，分析常見的行業異議，以及異議處理的經驗與技巧，預見異議，並制定異議防範措施。

滬升集團是民營企業，沒有與柯達合作過，柯達會質疑滬升集團的資質與產品的品質。同時，價格是較敏感的問題，在客戶還沒能全面瞭解公司以及產品之前，在第一階段最好不要涉及。另外，交貨時間也是行業中存在的常見異議。

依據以上基本資訊，策劃行動方案的基本指導原則是：透過銷售拜訪，進一步明確需求，揚長避短，有針對性地突出公司產品在滿足客戶關鍵需求（透過問題揭示與暗示，讓客戶深刻體會採購產品的關鍵問題所在以及嚴重性，進而讓客戶意識到滬升產品的價值）方面的能力，透過「需求—效益問題」，讓客戶感受到滬升是最適合柯達的，並對以後容易產生異議的價格與交貨時間問題做出鋪陳。同時，瞭解客戶決策流程與時間表，以便採取下一步的行動方案。

下面，讓我們透過這個案例來看張麗華是如何策劃她的行動的。

開場白階段，張麗華「職業女性的著裝讓她看上去幹練、熱情、穩重和成熟」，形象與身體語言體現出專業性，是建立雙方信任的基礎；同時觀察柯達會議室的環境，反應出柯達對自己歷史的尊重與對品質的追求。在隨後的溝通中，突出「500強」地位以及對於品質的追求，是一種沒有風險的溝通模式。

隨後，張麗華迅速進入正題，但不急於介紹產品，而是以提

問的方式讓客戶說出現有的需求「現在在尋找國內高品質的供應商」和顧慮「國內的模具水準」、「品質無法得到保障」以及感興趣的產品「易損耗，經常更換用件」、「16個塑膠構件的模具，有些是注塑模具，還有一些要求擠出模具」。接著，針對以上問題，先以低姿態介紹公司，也暗示了對柯達這樣具有悠久歷史的公司的尊重。同時，又透過服務的客戶——寶潔，強調滬升服務的水準，達到揚長避短的效果。同時，有的放矢地介紹自己的產品以及生產上的各個環節，消除了柯達選擇供應商的顧慮，突出了滬升集團行業顧問的形象，建立起信任感與喚起柯達的合作願望。

對於未來價格以及交貨時間上的異議，張麗華應用「需求—效益問題」的方式，借寶潔案例，重點突出「品質、運行次數、生產效率、價格、交貨時間」的關係，使柯達很容易接受滬升的建議，意識到滬升的價值與性價比是柯達所需要的，為以後供應商的選擇、價格以及交貨時間的異議做了鋪陳。同時，瞭解客戶的時間表「在兩周之內就要確定供應商」，「兩個月以後向1000家服務店供應影印機」，以便進一步制定下一步的行動計畫，同時，為行動計畫做出鋪陳。

透過以上分析，讀者可以看到一個成功的銷售拜訪所需要的素質、能力與技巧。對於銷售新手，的確需要一個不斷學習、演練、總結和改進的過程。

銷售決勝點

透過滬升集團關於模具的銷售對話，我們得到的啟發是：
成功不是僅僅依靠熱情、信念、勤奮就可以實現的。作為
銷售人員，取得成功需要方法、技巧、技能和智慧。這就
是熟諳全腦銷售博弈、使用全腦銷售博弈，並最終達到游
刃有餘、進退有度、縱橫開合、一切為我所用的高手境界。

第5章
異議的發源與控制──
「貓怕老鼠」的「全腦銷售博弈」運用

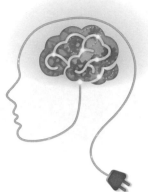

「我就是不信,只要是你說的,我統統不信!」
下面的清單基本囊括了客戶常見的反應:

- 你說你的產品是最好的,我不信!
- 你說會給我最好的服務,我不信!
- 你說一定會關照我,我不信!
- 你說保證讓我滿意,我不信!
- 你說這個產品肯定安全可靠,沒有污染,我不信!
- 你說你是專家,我不信!
- 你說保證及時回應,24小時支援,我不信!
- 你說我是最尊貴的客戶,我不信!
- 你說購買你的產品最放心,我不信!
- 你說許多人都買你的產品,我不信!
- 你說最瞭解我的需求,我不信!
- 你說價格要漲了,我不信!

在進入本章前,我們先來回顧一下與本章聯繫密切,也為本章提供了理論基礎的資深銷售顧問「全腦銷售博弈」研究成果的法則第13條、第14條、第15條。

法則13:**農業文明善於用右腦,缺乏精確的訓練和應用。**

法則14:**工業文明善於用左腦,缺乏對模糊的控制和應用。**

法則15:**資訊化文明是左右腦的高度發達,渾然一體,共同發揮作用。**

的確,人類從農業文明發展到工業文明,最後過渡到資訊化文明的演變過程中,最缺乏的就是彼此的信任。潛在客戶到底相信什麼?為什麼就建立信任了?或者如何有效地、巧妙地迴避各種來自信任危機的挑戰。

在我們的研究專案中,多數資料都是以理性為主的,尤其是那些高級銷售顧問們對客戶需求的分析、對客戶之間不同決策層人物關係的判斷,都是基於邏輯的分析和研究的。這些都是「全腦銷售博弈」中最牢靠、最紮實的基礎,有了這些系統的分析和基礎的推演,我們才有可能將「全腦銷售博弈」從淺顯的內容推進到一個可以指導實踐,並可以要求銷售人員掌握、在實際的銷售過程中直接使用的方法。

方法來源於理論，而理論則是對大量的高級銷售顧問們的實際銷售過程進行的總結、分析、提煉和思考。將理論重新應用到實踐中，是我們這個研究專案的核心目的。資料中雖然有大量嚴謹的分析和論證，但也有一些經典的玩笑。要知道，我們面談的這100位頂尖銷售高手也都是在一線奮鬥過的，文字中有著他們的語言和風格，也有著他們笑談客戶時的詼諧與幽默。

　　一位來自通用電氣醫療設備事業部的中國區高級銷售顧問，在我們訪談結束的時候留給我們一句經典的話：「失敗的銷售案例都是雷同的，成功的銷售案例卻各有各的成功之處。」這句話讓我們項目組印象深刻，而且，專案組的高級顧問和專家們都認同這位銷售高手的解釋。他是這麼說的：「失敗的銷售的所有原因都是一樣的，那就是沒有瞭解客戶真正的需求，從而失去合約。但是，成功的銷售都有各自成功的曲折和辛酸，不是打通了競爭者沒有看到的人際關係，就是看準了客戶最需要的方面，從而獲得合約。因此，成功的銷售真是各有各的不同精彩。」

貓怕什麼？貓怕老鼠！

　　我們還看到了一個非常有趣的紀錄，這是一個銷售顧問講給我們聽的。我們按照他說的方法測試了許多人，的確，正如他所預言的一樣，許多人都陷入了預測到的結果。測試方法是這樣的：首先要求一個人說兩遍「老鼠」。接著，要求他說得快一點，並且連續說5遍。然後，要求他說得再快一點，連續說10遍。等他說完後立刻問他：「老鼠愛什麼？」要求他快速回答，他會說：「大米。」最後，要求他繼續說10次「老鼠」，等他一

停，立刻繼續提問：「貓怕什麼？」他會說：「老鼠！」

你慢慢注視著他，如果他還不明白，你可以提醒他：「你說貓怕老鼠？」此時，許多人會恍然大悟並會心一笑，別人也會認為你是一個會講笑話、可以轉換人們情緒的人。但是，對此遊戲，在我們的研究紀錄中給出了深刻的思考和解釋。

首先，冷靜、理性的人不會說貓怕老鼠的。那麼，為什麼許多人做這個遊戲，在回答貓怕什麼的時候，回答的都是老鼠呢？

「老鼠怕貓」是由主管邏輯判斷的左腦決定的。當連續說了10遍老鼠以後，人的思維被右腦暫時控制，所以，要求他快速回答貓怕什麼的時候，他連想都不想，直接從右腦將貓與老鼠連續調動出來，但是忽略了誰怕誰的次序，從而導致一個明顯的錯誤結果。

這就是說，一旦一個人的思維被右腦控制，那麼左腦形成的那些不同事物之間的關係就會被忽視，甚至是忽略。這就是銷售人員可以透過控制客戶在購買決策前到底用左腦還是右腦的致勝原理。

控制並影響客戶的「貓怕老鼠」原理的要點如下：

1　先在客戶的頭腦中建立起一個固定的、習慣的連結。比如，哈根達斯是浪漫的，愛她就請她吃哈根達斯冰淇淋。一旦消費者頭腦中牢固地建立了這個連結，第二步就是強化其形成習慣。再比如，IBM 的伺服器就是可靠，毋庸置疑。這也是一個連結，固化這個連結，在客戶頭腦中形成固有的習慣。

2　配合時間壓力，要求他快速決策，並對要求快速決策的舉動給予合理的、合情的說明和解釋。一旦他在短時間

內考慮決策，立刻調用前面形成的習慣連結。你肯定是要安全、可靠、絕對有保證的伺服器，對嗎？那能是什麼公司的什麼品牌呢？

3　給一點好處，要求客戶使用已經建立的連結快速決策，但是忽略連結的準確資訊。於是得到法則，那就是IBM。

一般來說，銷售人員在銷售過程中最難克服的障礙有4個，分別是：

1　初期接觸客戶建立關係（參見第3章）。

2　針對需求的產品展示（參見第2章）。

3　恰當地在客戶與公司之間取得價格上的平衡（參見第7章）。

4　有效處理來自客戶的各種異議（本章）。

在要求客戶做最後決策前，客戶總是會表現出採購的各種異議。在處理客戶的各種異議時，如何運用「全腦銷售博弈」中的這個「貓怕老鼠」的原理呢？

異議從哪兒來

異議取決於對客戶動機的把握，不同的動機反映出來不同的異議。銷售人員要瞭解各種可能異議的頭腦分布和發源點。大客戶的異議表現尤其明顯。在經過一段漫長的時間接觸後，客戶終於要做最後的採購決策了，此時，大量的異議湧

現出來。讓銷售人員灰心的是，這些異議許多都在銷售初期預先提到了，也防範了，可是客戶好像壓根兒都不知道似的。

此時，首先應該瞭解的是，客戶異議背後的真實動機來自哪個大腦？異議來自三種可能：

1 好感建立的缺失：認識關係，熟悉關係，信任關係

在銷售初期和中間過渡期，銷售人員與客戶之間沒有建立起良好的關係。關係的發展有三個階段：認識關係、熟悉關係和信任關係。認識僅僅是與客戶的一般性接觸，知道對方的姓名、職位、權力，但並不知道對方的生活偏好，比如飲食的偏好、顏色的偏好、體育運動的偏好，或者對一些社會事件的觀點和看法。一旦充分瞭解了這些個人偏好，就建立起了一種熟悉的關係，但這不是有效的信任關係。信任關係是一種經得起考驗的，在沒有約束的情況下也可以確保對方利益的一種相信；這也是一種賭博，「是不是看對人」的賭博。

認識關係、熟悉關係都是右腦作用力（見下頁圖5-1），右腦發達，感性以及感染能力強的銷售人員都可以順利建立起這兩個關係。但是，信任關係來自客戶的左腦，左腦是冷靜的，是理性的，是儘量客觀的，是不會輕易衝動的。這才是對銷售人員運用左腦能力的挑戰。

客戶的異議會來自於對銷售人員的關係沒有發展為信任關係上，「你真的會擔保嗎？」「一定要將這個內容寫到合約中」「你的價格肯定不是最低的，你還有空間」這些異議都是源於關係膚淺，甚至銷售人員與客戶之間根本就沒有建立起有效的個人關係，只是公對公，那當然就沒有什麼情面可言了，於是，艱苦的

認識關係：沒有表現合作的利益，沒有恩怨愛恨，沒有關係基礎。防範、小心、距離，簡單商業關係。	初步認識，有興趣建立關係，希望確定按照什麼關係形式發展。審核銷售人員的階段，衡量其可信度。
熟悉關係：瞭解一些性格、弱點以及優點，建立了利益關係，進行了可靠性判斷。接受、調整、駕馭，初步合作關係。	可以根據客戶的類型，確定發展為交易型客戶關係、關照型客戶關係、合作型客戶關係或戰略型客戶關係。
信任關係：體現了利益依賴性。熟悉彼此底線和原則，權衡利弊以後的交往。確認、確定，深度合作關係。	需要對所有關係把握：行業知識程度、客戶敏感利益要點、顧問形象的範圍、行業權威的建立、銷售壓力的有效應用、持久關係的確立。

圖 5-1 銷售人員和客戶之間關係的發展階段

討價還價過程就開始了。

在這個階段，要不斷地在潛在客戶頭腦中建立起這種認識：我是值得信賴的，我是可靠的，我是行業權威，我是正直、誠實、說話算話的人。不斷在客戶頭腦中重複、重複，次數一多，潛在客戶頭腦中「貓與老鼠」的關係就建立起來了，並開始鞏固和加強。

2 信任建立的缺失：對個人的信任，對企業的信任，對產品的信任。

除了建立個人信任，全面的信任體系還包括建立對企業、對產品的信任。銷售人員如何打造你的企業在客戶頭腦中的形象？如何建立產品的形象？留給客戶是感性的印象還是理性的印象？這些非常重要，瞭解它們可以知道客戶將來會提出的具體異議。比如，客戶對IBM的專業性不懷疑，那麼可能會對售後服務有懷疑：「你將來會隨叫隨到嗎？」但是，對於聯想其印象就會感性一些，將來的異議一定來自對產品可靠性的信任。

因此，控制客戶頭腦中對企業、產品的全面印象，是提高銷售人員後期有效處理異議的關鍵。這也是「貓與老鼠」關係的一種印證。

3　左腦主控的原因：真的不需要該產品

這個異議是銷售人員最無奈的，一旦發現並肯定是此異議後，便立刻放棄在這個客戶身上繼續投入精力、時間以及其他資源。這個異議來源於客戶對自己的情況理性分析後得出的法則，這是完全理性的異議。

回顧一下你的客戶信任關係建立得如何，平時你向客戶擔保過什麼事情嗎？實事求是地回想一下客戶聽到你說話時的表情，他真的信嗎？下面的清單基本囊括客戶常見的反應：

- 你說你的產品是最好的，我不信！
- 你說會給我最好的服務，我不信！
- 你說一定會關照我，我不信！
- 你說保證讓我滿意，我不信！
- 你說這個產品肯定安全可靠，沒有污染，我不信！
- 你說你是專家，我不信！

- 你説保證及時回應，24小時支援，我不信！
- 你説我是最尊貴的客戶，我不信！
- 你説購買你的產品最放心，我不信！
- 你説許多人都買你的產品，我不信！
- 你説最瞭解我的需求，我不信！
- 你説價格要漲了，我不信！

誰「釀造」了異議

潛在客戶的異議來自4個象限（見圖5-2）：對產品或者服務價格的認知以及對價值的認知。

象限 I：潛在客戶認為產品的價值較低，而價格較高。所

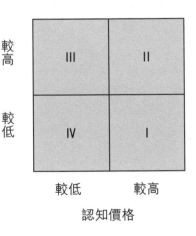

圖5-2 潛在客戶的異議

以，異議以兩種形式出現，一種就是懷疑你的產品可能不像你說的那麼好，懷疑是否真的有你說的功能等。第二種就是，價格上能否打折，再降一點吧等，其表現形式是價格上的異議。

象限 II：潛在客戶認知的價值較高，價格也較高。因此，討價還價就是一種面子的心理，貪便宜的心理。如果銷售人員過於想得到這個合約，那麼面對潛在客戶的簽約誘惑，就會讓步，客戶得逞。

象限 III：潛在客戶認知價值較高，價格較低。此時的異議一般來自於售後，對方是否可靠等擔憂，是一種面對好事的謹慎心態，是感性異議。這種異議沒有堅實的基礎，非常容易應對。

象限 IV：潛在客戶認知的價值、價格都比較低。一般還會用量來要求讓價。這也是一種感性動機，一般不會有什麼大的異議，屬於交易型的銷售過程。超市、賣場的銷售屬於這種情況。

因此需要仔細研究的部分集中在象限 I、II 中，都是價格昂貴類型。但是，潛在客戶對價值認知有高有低，從而決定他們的異議表現形式不同。

象限 I 的異議表現出來的是傾向理性異議。比如，客戶明確指出你提供的產品性能不可靠、口碑不好、產品並沒有領先的技術等。這些異議都是針對功能的，因為其認知價值低，無法支持他對價格的認知。這種異議集中在產品功能、性能、表現上，因此，完全屬於理性異議。

象限 II 的異議基本上來自感性異議。一種面子的需求，或者說就是貪便宜。

兩套策略「消滅」異議

來自象限 II 的異議處理：

應對來自象限 II 的異議的主要策略有 3 個步驟：

第一步：緩解客戶對抗和挑戰的心情，配合你玩「貓與老鼠」的遊戲。

要求他回顧銷售過程開始前最初的認識過程，這些過程中彼此友誼的發展、銷售人員為客戶做過的事情，以及還將繼續做的事情。這樣做就是讓客戶重複老鼠這個詞彙。

第二步：在潛在客戶頭腦中建立並重複相關的連結後，一定要給他們一些壓力。

對付任何異議時，如果銷售人員手中沒有任何壓力的武器，就等於赤手空拳對付武裝到牙齒的「強盜」。這些武器有：時間壓力、最後一次優惠、打折壓力以及堅決離開的壓力。記住，「貓與老鼠」遊戲的最關鍵點是在最後提問的時候，這個時候就要求客戶快速反應，不要思考，儘量用右腦來回答，所以，對方才會立刻說，貓怕老鼠。在壓力下，客戶沒有時間思考，於是憑藉右腦的印象、感覺和習慣從而做出最後的決策，選擇你代表的企業的產品。

第三步：要求對方快速反應。

可以以誘惑、誘餌、好處、利益為前提條件來要求客戶盡快給予答覆，從而控制潛在客戶在決策時使用右腦。

來自象限 I 的異議處理：

應對來自象限 I 的異議，主要靠銷售人員的左腦水準。當然，最後贏得客戶的合約是靠左腦，但是，前期的鋪陳以及應對

異議的最初幾句話卻是要充分轉換客戶的感性意識和思維。主控潛在客戶異議的發展脈絡有5個關鍵步驟：

第一步：表示理解，重複客戶的異議，或者重組客戶的異議表示理解和澄清。

第二步：接受客戶的觀點和意見，或者指責其看法的片面性，或者承認對方的觀點在有限的條件下是合理的。

客戶的任何看法都是正確的，至少客戶自己是這麼認為的，銷售人員應該給這個正確添加一個前提條件。比如，客戶說IBM的售後服務不好，銷售人員可以說：「如果您作為一個客戶都說我們的服務不好，那肯定是有道理的。尤其是在執行售後服務的時候，都是由一線的技術人員來執行的，他們對於以客戶為中心的企業理念理解得不深刻，所以，您得到的這個印象肯定不是無中生有的。不過，IBM自己也意識到了這個問題，所以，今年開始對售後服務隊伍實行了嚴格的考核措施，只要有一個客戶投訴，無論是否真實，無論是誰對誰錯，都先扣除其當月獎金。自從實施這個管理規定以後，客戶投訴立刻由原來的38％下降到16％。您看這難道不是一個大幅度提高嗎？」

這個回答既接受了客戶的觀點，不損害客戶的情感，也自然地表示了這個觀點是有條件的，比如說是售後服務人員的個人行為等。這就是從右腦緩解對抗，過渡到左腦按照邏輯線索來思考的思路。

第三步：有步驟、有感情地展示不同的看法和意見。

向客戶展示不同的意見一定要在示弱的態勢下進行。比如客戶說：「你們的設備耗電量太大。」銷售人員可以回答：

「既考慮採購成本也考慮運行成本的客戶才是我們最珍貴的客戶，您的這個問題是我們反覆研究過的。根據國家電器產品用電規範，經過嚴格的檢查，同類產品中我們的H型裝配元件是耗電量最低的。但是，您提到的情況也確實出現過，就是在高溫環境下，測試我們的設備也發現耗電量增加的現象。同類產品在同樣的高溫對比情況下，H型仍然是最省電的。這個結論並不是我們得出來的，去年，華東地區76家客戶回饋報告中，沒有一例提到它耗電量過高的問題。您的這個看法，能否給我一點詳細的資料，讓我們的技術專家組去查看一下您工廠的設備運行環境，也可以有針對性地做一些設備的配置和優化工作，可以嗎？」

第四步：有條理地表達自我的看法。

銷售人員在應對客戶異議時溝通能力非常重要，而條理和邏輯就是銷售人員自己的左腦能力了。如何有條理、有邏輯、有線索地溝通，係來自平時的訓練。比如，訓練自己敘述一個故事、一個事件、一個有前因及後果的事情，透過敘述來提高左腦控制語言的能力。

第五步：結合客戶的觀點，加問一個開放性問題，引導客戶用右腦思考。

應對提問最好的以及最後的策略就是回應一個問題，但是，回應問題的層次要高於客戶的異議層次，將客戶的思考提高到一個高度，使客戶不得不用左腦思考。當客戶想不出結果時，就放棄了左腦，從而用右腦來回答。而在右腦部分，銷售人員已經建立了專業的、權威的、友好的、值得信任的印象，於是，客戶的結論自然是有利於銷售人員了。

比如，客戶問，「這個氣囊可以保護孩子嗎？」銷售人員的回答是這樣的：「考慮氣囊保護大人是許多買車的消費者普遍的想法，您是第一個對氣囊能否保護孩子提問的人，真是有心，您一定有孩子，對吧？氣囊對成人的保護是最有效的。經過大量的研究，在所有的交通事故中，對孩子保護最重要的是安全帶，而不是氣囊。如果孩子沒有繫安全帶，事故發生時，孩子會受到氣囊的衝擊，這個時候氣囊不是安全的保護設備，而是撞擊孩子的武器。所以，從這個角度來看，氣囊其實是安全帶的一個補充。關於行車中孩子的安全問題，您認為最重要的是什麼？」

這個回答不僅有條理地解釋了氣囊對兒童的作用，而且在最後的提問中展現了將問題提高到一個新的層次的技巧，從而徹底贏得客戶的佩服。注意，佩服的次序在大腦中是這樣的：先用左腦思考一下，沒有想出什麼法則，於是用右腦來感覺，模糊、朦朧中覺得這個銷售人員還挺專業的，還挺替客戶著想的。

所有克服客戶異議的目的不是要贏得辯論，而是為了簽約，所以，無論左腦還是右腦，都是為了推進對話向簽約方向發展和過渡。因此，在有效回答了客戶的異議後，銷售人員自己必須清楚自己的另外一個使命，就是將克服異議的成效轉變為銷售的催化劑，成為簽約的機會。轉變銷售機會也有5個線索：

1　同意與認可；
2　提問、追究細節的能力；
3　強化主導話題的能力；
4　給予滿足和舒服；
5　在承諾的前提下簽約。

這5個線索是銷售人員比較成功地處理了客戶的關鍵異議後，可以展開簽約步驟的思路。比如，第一步，爭取客戶對你的回答的認可，要求他表示同意，或者至少可以要求他點頭。

也可以採用第二步，進一步追究細節，客戶的提問中一定有細節，在這個細節的基礎上讓客戶放棄理性思考，從而依賴銷售人員。第三步，強化主導話題的能力，就是銷售人員對話題的控制能力。第四步，透過對客戶的觀點進行總結、舉例，來讓其得到滿足，讓客戶可以展開其擅長的話題、認真傾聽讓他感到舒服，這也是一種技巧。第五步，在客戶的要求壓力下，徵求對方的意見，是否可以簽約，先得到客戶的簽字，然後再核實客戶要求的條件是否可以實現。當有了客戶的簽字，主動權便來到銷售人員這邊。這就是5個小技巧的巧妙使用。

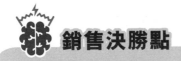 銷售決勝點

所有克服客戶異議的目的不是要贏得辯論，而是為了簽約，所以，無論左腦還是右腦，都是為了推進對話向簽約方向發展和過渡。

第 6 章
銷售後期的右腦博弈——
左右開弓拿訂單

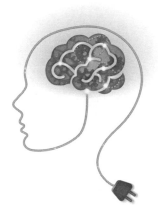

憬虹地產的于經理與大象地板的銷售人員劉佳一見面，開口就談到了價格：每平方米價格降到 200 元以下才能談。這個價格對大象地板來說簡直是不可能的。

簡短的拜訪結束後，劉佳推斷于經理對自己的產品感興趣，並且決定絕不主動打電話給對方。最終的結果正如劉佳所料：以每平方米 200 元以上的價格順利成交。

于經理見面就談價格的真實原因是什麼？劉佳憑什麼做出這樣的判斷和決定？

所謂銷售後期，就是銷售人員在與潛在客戶溝通進入到了即將簽約，但還沒有最後簽約的狀態，這個階段稱為銷售後期。

本章內容的理論依據是資深銷售顧問「全腦銷售博弈」研究成果的法則第16條、第17條、第18條。

法則16：關注銷售人員的左腦建設，左腦能力的內容和水準是可以透過培訓來實現的。相對來說，右腦能力的內容和水準是難以透過培訓來實現的，因此，需要識別銷售人員的右腦水準。

法則17：右腦是有關溝通表現、處世能力的。

法則18：左腦是有關思維表現、思考能力的。

簽約前客戶的處境現狀

當銷售人員與潛在客戶進入到認真的討價還價階段時，就代表著銷售過程進入了後期。銷售過程從初期向中期的過渡比較明顯，但是，中期向後期的過渡就比較模糊了，有時過渡是瞬間完成的。銷售人員結束初次拜訪後，再次聯繫客戶，獲得客戶約見；進一步就客戶的問題、供應商的品質和產品的品質等進行參觀、展示、演示等，這些都是銷售過程的中期階段。在銷售中期，無論客戶來自什麼行業，是什麼類型，也不管他們購買的是什麼產品，鋼琴也好、轎車也罷，或者大型企業採購的鋼材、鐵

礦石，又或是房地產開發商採購的建築材料等，都會有類似的表現，那就是對價格的深入關注。潛在客戶在簽約前，由於經過銷售中期的理性論證，已經傾向於被說服，接受了銷售人員的說法和供應商的品質，從而決定簽約。

但是，一旦進入真正的簽約狀態，潛在客戶的思考定式會再一次回到右腦，根據初期、中期與這位銷售人員的溝通，以及對供應商的瞭解、產品的體驗，客戶下意識地認為仍然需要核對一下：他們可靠嗎？一旦簽約以後，他們還會像簽約前一樣滿足我的要求嗎？還會一如既往地對我無微不至嗎？一旦有了這樣的猶豫，客戶的思考出發點就轉移到了右腦。讓我們來看看潛在客戶此時的狀況是什麼樣的。

1　已經投入了時間、精力、人手，增加了轉移成本

潛在客戶花費了許多時間在不同的供應商之間比較產品，學習產品的技術知識以及鑑別產品品質的方法，也投入了專家、工程師、採購部以及企業的高層主管這些人力成本。投入大量的精力，無非是希望購買到可以解決自己企業問題的可靠產品，找到一個優質的供應商合作，以便日後的工作順利一些。這其實就是客戶為採購支付的採購前成本，而這個成本是無法挽回的，即使沒有向你採購，他們也無法將逝去的時間彌補回來。所以，客戶此時有一種被鎖定的恐懼。

2　選擇範圍已經縮小

銷售過程進入後期，一旦客戶開始就價格問題展開認真的討論，就意味著客戶自己的選擇範圍開始縮小了。而且，一旦供應

商答應潛在客戶的要價，通常的商業規矩是採購方有責任和義務簽署合約。如果客戶沒有這個思想準備，通常也不會在價格上過度認真。所以，請銷售人員牢記，一旦客戶真正開始問價而不是詢價的時候，他們就已經有了真正的採購意向，而且，他們的選擇範圍並不大。

3 退出、更換的影響巨大，不輕易變換

根據第二條的思考，客戶一旦退出，他們更換潛在供應商的代價可能會相當大。因此，他們通常不會由於微小的價格差別而更換供應商。

4 理性思考深入權衡收益

客戶理性思考的時間發生在銷售過程的中期階段，由於中期向後期發展的界限並不那麼清晰明朗，所以在銷售後期，客戶的表現比較隨機，也會有理性的思考，但是，多數還是感性的思考。

5 感性思考：採購後會如何

不僅僅是對一般的商品，即使是對一些高檔、豪華的奢侈品，潛在客戶自始至終都是感性消費的。比如賓士汽車的用戶，真正懂得賓士汽車領先技術的人沒有幾個。這個領先技術就是確保行駛發生意外時車內人員的絕對安全。多數人採購賓士汽車，主要源於其品牌的影響力，是品牌贏得了客戶的心。也就是說，是感性驅動因素影響客戶做出採購價格貴許多的產品的決策。比如對賓士汽車的擁有欲望，其實並不是來源於對車有多麼瞭解，而是源自於品牌引發的聯想，以及浮想聯翩的思緒。

下面是從研究項目中選取的一個例子，請先看案例，然後再討論銷售人員的現實處境以及對策。

應用案例

大象地板的銷售人員劉佳和李新離開憬虹地產開發公司以後，辦公室裡還有3個人，一個是憬虹地產的內裝修部經理于意國，另一個是案件規劃辦公室經理常方右，還有一個是總裁祕書徐楓。于經理看著大象地板銷售人員留下的詳細資料，不禁發出了感歎：

于經理：「現在這個賣地板的資料裝訂得都快趕上我們的文宣了。你看用的這紙張、這個厚度，都快趕上地板了吧！就差直接在地板上印產品說明了。」

常經理（附和著）：「就是，銅版紙生意倒是好了。不過，你看他們地板的品質到底怎麼樣？」（客戶的理性思考，左腦發揮作用。）

常經理：「現在號稱複合木地板品質最好的太多了，什麼歐典，什麼瑞嘉，還有歐陸嘉等，都說是德國進口的，到底誰的品質可靠還真不好說。」（客戶缺乏判斷和鑒別的標準及手段，感知產品品質的好壞完全靠對銷售人員水準的判斷。）

徐　楓：「那剛才他們在的時候，你怎麼不問呀？」

常經理：「是呀，我知道你現在也是不好決定。不過，根據規劃，我們這可是最高檔的精裝修的房子，浴室、廚房你用的可都是上等的產品，別在地板、大理石上顯得小氣了。」

于經理：「是啊，當然了。要知道科勒、柯梅令等都是國外的著名品牌，這個地板當然也應該選擇一個最好的。不過，我的整體預算也是有限呀，要不你問徐祕，她知道我手裡的預算，在地板上頂多也就是一個國內品牌夠用的數。」

徐　楓：「你最近的預算報告不是已經批了嗎？」

于經理：「都催了3次了，也沒全批。我提的要求是每平方米300元的預算，其實才給了240元。我們這30萬平方米的量，說大也大，可是比我們這個大的還有的是呢。」

常經理：「不過，我看你是有經驗，看剛才你把人家大象地板的人給嚇的。」

于經理：「我知道他們想拿下這個單，我們對外的宣傳也是一流精裝，用的都是一流品牌的產品。大象是不錯，但還是一個國內品牌的產品。我不就是期望能夠在有限的預算內，拿到最好的產品嗎？在預算範圍內，大象也是可以接受的了！」

徐　楓：「那你剛才為什麼讓人家一定要降到200元以下再談呢？」

于經理：「你不知道這是談判技巧嗎？如果我現在就表現得有興趣，他們最後可能在價格上讓步嗎？」

常經理：「我記得剛才你問他們能否在200元以下時，他們說200元以下的也有，但硬度、耐磨等方面就無法與200元以上的比了。當初，我們公司對最終住戶可是承諾20年的裝修呀。」

于經理：「這就是你不瞭解了，常經理，他們肯定也是要這樣說的，誰不知道一分錢一分貨，貴自然有貴的道理。但是，他們即使這樣說，我也可以在200元左右拿到280元左右的貨，畢竟他們也看上我們這30萬平方米的量呀。」

徐楓：「難怪集團老總放手讓你統管精裝修的採購呢，果然是行家！」

于經理：「不過說實在的，這次大象來，還有上次歐典的，下周瑞嘉的也要過來，都說是德國的產品，都說自己好，我還真有一點猶豫呢。」（客戶在左右腦中徘徊不定，缺乏足夠的資訊讓他可以用左腦確定供應商的品質。當客戶左腦無法確定的時候，經常會依靠直覺，也就是印象——來源於右腦的模糊圖像來做出決策。）

常經理：「你不是還有一招，讓他們提供產品給我們做測試嗎？」

于經理：「那是招標，可以要求測試。老總說地板不招標，因為地板產品沒有什麼複雜的難度，也沒有什麼特別高深的技術，完全取決於服務，價格也都差不多，也都號稱是直接進口，關鍵就看誰的服務到位了。」

常經理：「那下周瑞嘉的過來以後，你就可以決定了？老總那邊可等著我的最後時間呢。」

徐楓：「前天，老總還問我呢，說小于那些精裝修的廠家是否都確定落實了，要是真開始內部裝修輪到地板這項，你別拿不出東西來。」

于經理：「是，肯定要拿個主意，不然工期就拖在我這裡了。」（客戶有採購時間的壓力，也就是說，客戶的選擇時間並不多。）

以上是大象地板銷售拜訪結束離開客戶辦公室後，客戶之間的對話。透過對話我們基本瞭解了客戶的購買意向，也瞭解了客戶在選擇地板供應商方面的一些猶豫和擔憂。而離開客戶辦公室

的劉佳和李新又是如何評價這次銷售拜訪的呢？一些技術含量並不複雜的採購通常在中期的停留時間都不長，而直接跳入到採購後期，也就是銷售過程的後期階段。還是讓我們從大象地板的兩位銷售人員就憬虹這個30萬平方米項目的溝通來瞭解一下他們的看法吧。

劉佳：「我估計這個單子肯定是我們的了。」

李新：「不會吧。剛才于經理說下周瑞嘉的還要去呢。而且你也知道，瑞嘉也是德國的東西，價格比我們的便宜，我覺得于經理對我們沒有什麼興趣。」（右腦的感性判斷。）

劉佳：「你不知道吧，上周他們還見了歐典的呢。他們就約見了3家，你沒有看出來？他們其實對我們有興趣，不過就是要一個好價錢。」（左腦的理性思考，透過表面現象透視背後的道理。）

李新：「你怎麼知道他們見過歐典的？」

劉佳：「你沒有看見于經理拿他們建築圖紙的時候，抽屜裡有歐典的資料嗎？我可是看見了，不過我沒提，他們不提我也不提。」（冷靜、客觀地收集資訊，透過對資訊的加工來判斷我方的處境。）

李新：「那他為什麼要告訴我們下周瑞嘉的要去拜訪他們呢？」

劉佳：「這就是我判斷他們對我們感興趣的第一個信號。因為，如果他們對我們不感興趣，就沒有必要告訴我們他們還會見誰。告訴我們他們還會見我們的競爭對手，只能說明一點，就是讓我們有一點競爭的意識，不要太自以為是。也就是說，在銷售的後期，他們的優勢大一點，可以制約我們的價格，讓我們提供

最便宜的價格，然後他們得到最好的產品。不過如此！」（深刻的理性思考，完全的左腦意識，不愧是銷售高手。）

李新：「我還是不明白，為什麼告訴我們他們會見我們的競爭對手，就是表現出對我們的興趣呢？」

劉佳：「要知道，搞採購的人，是完全沒有必要得罪任何一個潛在供應商的，因為供應商的數量決定著他選擇產品的範圍，他與越多的供應商保持良好的關係，他的議價能力就越強。其實，作為採購商，見我們的競爭對手應該是不需要說明的事實，即使他不說，我只要一看他抽屜裡歐典的資料，就知道他見過歐典的了。他就算不說，我們也應該假定他會見這些供應商的，絕對不會錯。那麼，他為什麼要告訴我們他們下周要見瑞嘉的呢，一定有他的目的。」（對客戶心理的透徹分析是建立在商業關係中維護利益的邏輯基礎上的。）

李新：「也是，告訴我們他們會見瑞嘉的，他應該知道我們肯定不高興。」

劉佳：「他沒有理由讓我們不高興，這就說明了他的目的，那就是想用我們的。只不過想用另外一個競爭對手來制約我們的價格，或者他要得到其他的利益。」

李新：「我還有一個疑惑，既然他告訴我們他們會見瑞嘉的，為什麼不告訴我們他們見過歐典的呢？」

劉佳：「這個思考是絕對必要的。這是我認為他們對我們的產品感興趣的第二個原因，那就是他已經知道我們的比歐典的強了，所以才不提歐典。因為如果他提歐典的話，我們就可以放心地進行產品比較了，一旦他無法在產品比較上比我們內行，就等於在我們面前的議價能力被削弱了。」（在後期的討價還價中，

優勢在採購方還是在供應方，取決於進入後期時雙方各自的意圖，對合約表現出來的意願。這就是左腦分析的結果。）

李新：「對，就是說，進行產品對比的時候，如果他沒有話說，其實就是我們贏了。這樣，最後簽合約的時候，他的籌碼就不夠了，對吧？」（左腦思考，邏輯結果。）

劉佳：「是的，這是至關重要的，也是容易被忽視的。做銷售的其實就是和客戶下一盤和棋。絕對不是為了贏客戶，也不需要贏客戶，如果客戶輸了，對供應商一點好處都沒有。所以，其實于經理很老練，你沒有看出來辦公室的３個人中，只有這個于經理才最有實權嗎？」（對人際關係的判斷是一種感性能力，也就是右腦的能力。在右腦訓練中，我們不斷考核銷售人員與陌生人接觸１０分鐘後判斷對方對自己是否有好感，就是一種人際關係的敏感性訓練。）

李新：「為什麼徐楓會問我們什麼時候可以供貨，供貨的時間以及施工的時間？而常經理關心的是大象地板在高端消費者心目中的位置？」

劉佳：「徐楓是祕書，她關心的時間，肯定也是老闆關心的。常經理負責案件規劃，他關心的是最後是否容易銷售，尤其是對他們鎖定的目標客戶群。他們關心的都不是實際的購買，而是購買後的事情。只有于經理，才是具體經辦人。我推測，上周見歐典的時候，徐祕和常經理肯定不在場。那麼，于經理特意安排另外兩個人在我們拜訪的時候在場，說明什麼呢？」（對對方決策圈內部的組織動機以及個人動機進行分析和權衡，從而指導供應商的下一步行動。）

李新：「仔細琢磨，真是這個道理。另外兩個人關心的都是

售後的事情，于經理是經辦人，肯定關注採購的過程。對，特意安排這兩個人在場有兩個用意，一個是為他日後向我們下訂單打下一個內部基礎，另外一個就是用他們來制約我們，一旦後面我們在價格上無法協調的時候，他還有另外兩個人可以用來做藉口，對嗎？」

劉佳：「看樣子，下次你可以獨自作戰了。你說得非常對，就是這個意思。其實這不過是一個小的理由。我判斷他們對我們有興趣的第三個理由，就是他堅持在200元以下的價格才可以談。」

李新：「你不是答應了嗎？」

劉佳：「在于經理另外兩個同事面前，我能不答應嗎？」（高超的感性技巧。）

李新：「可是，他們指明要的產品公司是絕對不可能同意低於200元的。」

劉佳：「這就是技巧。許多銷售人員都認為這個價格是一個可以接受的價格異議，其實完全不是。對方提出這個問題，其實一定有非價格因素，我推斷就是要讓他另外兩個同事無話可說，樹立自己內部的權威。我們肯定不會違反公司規定低於200元賣的。要知道，今天是訂合約的時候嗎？今天談了多少有關產品的細節？涉及了多少技術指標？你知道為什麼不涉及嗎？」

李新：「是的，我還奇怪呢，公司要求我們拜訪客戶時一定要介紹產品的主要特性，與競爭對手比較我們的優勢。可是你卻一直都不提，我還想向你學習如何巧妙地轉移到產品介紹上呢！」

劉佳：「看今天這個架勢，最後只要留下資料就行了，不需要過多介紹。還沒有談產品的具體指標，他一開始就談價格。談價格的主要用意不是價格本身，而是一個面子。真到了落實合約

細節的時候，才是真正談價格的開始。現在不過是虛的，就是虛張聲勢，制約我們的產品在市場上的品牌優勢，從而為他留下足夠的退路。這就是最有效的第三個理由，他們對我們感興趣。」

李新：「那麼，按你說的這3個理由，我們現在應該怎麼做呢？下周給他一個電話，再約一次拜訪？」

劉佳：「不！堅決不。我推測，如果他一次都不見我們就決定用誰的地板是不可能的，畢竟是30萬平方米的不小的單子。他在公司內的權力沒有達到這個地步，即使是徐祕以及常經理都會問一個為什麼，在這種情況下，我們應該等他來電約我們。只要他約我們了，我們才有可能贏回來一點議價能力。所以這個時候一定要挺住。我知道你心裡想拿下這個單，但你表現得越積極、熱心，就越容易被利用。即使拿下來了，對公司來說也一定不是一個利潤豐厚的單子，還會在後期縮減成本，最後導致客戶不愉快、企業不高興，你還得罪人。所以，記住，關鍵就是自己挺住，等！」

李新：「我沒有你那麼有信心。你說的我懂一些，但畢竟沒有足夠的經驗，一個30萬平方米的單子也是不常見的。何況，我們的產品與憬虹地產的目標客戶群也是吻合的，這麼好的一個客戶丟了實在可惜。」

劉佳：「你沒有徹底懂！不讓你主動聯繫的目的不是讓你丟掉這個客戶，而是讓你有一個更好的方法拿下這個客戶。尤其是在銷售的後期，你的主動權和優勢多一點，這樣在專案完成以後，客戶會滿意，公司對你也滿意。要知道，銷售這個行業不是你想拿下，然後不斷地給客戶打電話就行的。它是需要技巧、智慧和耐心的。目前來說，不聯繫客戶才是最好的對策。」

李新：「好吧，你是區域經理，我也只能聽你的。也是我學習吧，反正這個季度我可就靠這個單了，這個單飛了，你別拿我開刀。」

從兩個銷售人員的對話中的確可以看出做銷售是一個智慧的過程，而不是莽撞、勇於犧牲就可以完成的事業。在今天供應商如林、競爭激烈、誰都不弱的情況下，勝者依靠智慧取勝。智慧來源於左腦符合邏輯的冷靜思考，也來源於右腦審時度勢的感覺和感性的能力。劉佳在這個銷售案例中，展現了完美的左右開弓拿訂單的全套攻略。

簽約前銷售人員的形象

在許多過程複雜的銷售和採購活動中，潛在客戶最後決定是否簽約還受到銷售人員形象的影響。

1 給客戶的印象是非常想拿下這個單子

如果在銷售過程的前期、中期，銷售人員給潛在客戶的印象是非常想拿下這個單子，往往最後的結果是事與願違。即使真的拿下了單子，結果也是沒有什麼利潤的單子。

2 給客戶的印象是手上有不少單子，並不特別在意

在銷售中期展示了足夠的實力以後，應該立刻展示右腦能力，影響客戶的印象。如果他的印象是你有不少的單子，那麼也會受到壓力，感覺你的產品、品質、服務、企業一定是值得信賴的，反而會傾向於與你合作，訂單也就容易得到。

3.　讓客戶感到，如果合作，自己會盡全力，並信守承諾

　　讓客戶在簽約前對銷售人員有信心，認為銷售人員在簽約後會信守承諾。會為客戶的利益著想是依靠感性的、右腦的表現能力得到的。僅僅依靠專業的論述、對企業實力的介紹，並不能完全贏得客戶對你的足夠信任。一筆大的成功合約中，銷售人員值得信任占60％的因素，而這60％的因素基本上是依靠右腦來實現的。

4　讓客戶感到，無法確定簽約前後是否一致

　　在銷售後期，客戶難以認定簽約前後你是一致的（如退貨問題，交貨期問題等）。客戶有這樣的想法足以證明，銷售後期其實更多的是右腦之間的博弈，是感性、感覺、感知的好感強化過程，而不是理性的、邏輯的、有系統步驟的證明過程。

促進簽約的示弱、讓步、壓力的綜合應用

　　在銷售後期的右腦博弈中，銷售人員可以運用哪些實用的技巧呢？

1　示弱是右腦的作用。

　　所謂人情世故中「情」的有效應用示弱展現的就是右腦的作用。在導讀中我們給出了3個例子，請回顧第2個IBM商務代表的例子。回想一下他的言語，他是如何採用示弱的方式贏得訂單的。

2　讓步中堅持意圖的表達和傳遞

在導讀中的第三個例子中，西門子的高級商務代表當時是怎麼做的？你能否回想起來？如果不能，試著自己組織一下達到這種目的的表達語言：在讓步中堅持意圖的表達和傳遞。堅持意圖，在示弱後不斷變化自己的要求對建立和強化互動的關係有著重要的作用。

3　壓力的平衡使用

請回想在導讀的第一個例子中，賓士汽車的銷售顧問是如何使用客戶對未來的嚮往、人性中欲棄不能的性格來引導客戶簽約的。

理性與感性影響時效的對比和思考

資深銷售顧問「全腦銷售博弈」研究成果的法則第13條、第14條、第15條，對人類文明的發展過程、人類行為的變化以及思考習慣有了明確的結論。

中國的消費者有兩個傾向：一個是理性的缺失，這個缺失有著深層的文化原因。缺乏有效的左腦的發展，沒有足夠的獨立思考的訓練，因此採購時迴避左腦的理性影響，而偏向右腦的衝動。

另一個傾向就是深受感性的影響及表層作用的引導，因此容易出現盲從、跟風和從眾，容易一聲號令千軍萬馬一窩蜂地衝出來。這就是衝動的代價和懲罰。不過，隨著社會的進步，中國社會向商業社會發展的速度越來越快，導致人民的思辨意識、獨立思考意識以及懷疑、質疑的能力在提高。現在的消費者也不是一味地盲從大品牌了。

讓我們看一下憬虹地板項目的最終結果。3周以後，憬虹以220元／平方米的價格與大象地板簽訂了合約，總價值6000多萬元。憬虹地產這個專案項目由於準確的定位以及高品質贏得了高端客戶群的欣賞，短期內銷售一空。在隨後一年中，憬虹地產另外3個項目的地板也採用了大象地板的產品。這個案例讓我們看到了用頭腦完成銷售是一個和局的局面，並不是客戶贏，也不是供應商贏。只有和局才是供應商與採購商的唯一理想出路，這個出路通常是供應商構思和架設起來的。

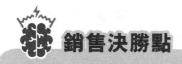

銷售決勝點

請你回想，在以往的銷售經歷中，客戶的價格異議真的是針對價格嗎？你分析後判斷對了嗎？有沒有例外的而你沒有發覺？如果你最終的判斷是對的，你又是如何化解的？「全腦銷售博弈」在銷售的初期、中期、後期都起著不同的作用，轉換左右腦左右開弓拿訂單是完全可以訓練出來的。

第7章
左腦對右腦的議價——
讓客戶議價成為簽單助力

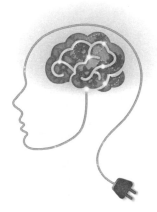

客戶幾經比較，最終選定了一家供應商，於是銷售人員面臨了最痛苦的簽約殺價困境：

「只要你答應這個價格，我現在就簽！」
「你看我這訂金都帶著呢，合約章也帶來了，就等你一句話了。」
「我們都談了這麼久了，你不會為了這5％的折扣丟了我這個大單吧？」

以簽約為誘餌，迫使銷售人員就範。
此時銷售人員面臨著最後的誘惑，歷盡艱辛，客戶終於要簽約了，絕大多數銷售人員此時的心態都是勢在必得的。
但是一旦你同意，你就死定了：客戶會藉口離開，再來時，會在新的價位上再次殺價。

在進入本章前，我們先來回顧一下與本章關繫密切、也為本章提供了理論基礎的資深銷售顧問「全腦銷售博弈」研究成果的法則第21條、第22條、第23條、第24條、第29條。

法則21：潛在客戶容易從右腦開始接觸銷售人員，並在接觸的過程中使用左腦。但是，使用的時間是短暫的，隨後又轉向右腦，且一般不會再返回到左腦。除非是再次見面，也許會重新用左腦來對話，以及決定話題。

法則22：對銷售人員的挑戰則是不斷透過左腦的嚴密思維，用右腦的形式來感染潛在客戶，並將客戶鎖定在右腦的使用上，從而達到簽約的目的。

法則23：右腦是經驗性的，左腦是知識性的。

法則24：技能是在左腦的基礎上透過右腦來表現。

法則29：決策是使用左腦的，但是受到右腦的嚴重影響。

面對客戶議價的策略

前面我們談過，銷售人員在銷售中最難以克服的障礙有4個，分別是：

1　初期接觸客戶建立關係（參見第3章）。

2　針對需求的產品展示（參見第2章）。

3　恰當地在客戶與公司之間取得價格上的平衡（本章）。

4　有效處理來自客戶的各種異議（參見第5章）。

　　其中第4條是銷售人員最難以防守的關口，有的即使簽下了客戶，也沒有為公司贏得多少利潤；有的在客戶面前死板地堅持公司給的價格底線，從而丟掉了單子。我們在訪談中發現，卓越的銷售顧問在價格上的傾向有著驚人的一致性或雷同的地方。比如，他們都百分之百地認同銷售人員必須認可自己銷售的產品，必須對自己銷售的產品有充分的信心，否則根本不可能成為自己有成就感、公司也為之自豪、客戶也願意交往的銷售；他們都堅信昂貴的價格是對客戶的尊重，也是對公司的尊重，同時也是對銷售人員的尊重；他們都非常自信地以具有主動控制能力的談話方式應對各種形形色色的議價模式；他們沒有什麼特殊的訣竅，所描述的就是無法迴避客戶關於價格的發問，以及針對這些發問的處理策略和手段。

　　在訪談了這100位頂級銷售顧問以後，我們繪製了下頁表7-1，在隨後的訪談中，這個表格也一再被銷售人員認可，並一致同意。這個表格應該是所有銷售人員在頭腦中必須能夠清晰、準確甚至是快速地描繪出來的。對於這個議價策略應對表，銷售人員要做到爛熟於胸、運用自如、左右逢源，將有形的表格融化到無形的言談舉止中，自然地嵌入與客戶的談話溝通中，從而登上高手雲集的頂峰。

表 7-1 議價策略應對表

詢問價格	動機偏好	客戶目的	客戶策略	典型問話	銷售策略	策略例子
初期問價（表 7-2）	右腦感覺	心理對比	自發詢問	A2	制約佈局	S1
中期問價（表 7-3）	左腦感覺	多家對比	競品報價	B2	示弱耐力	S2
後期問價（表 7-4）	右腦感覺	最後壓價	今天就簽	C2	自我犧牲	S3

第一階段：初期詢價

表 7-2 初期詢價對應表

	客戶在接觸產品的初期，無論是出於自發的對產品的需要，還是銷售人員主動接近的產品展示，客戶會不由自主地問一句，「這個產品多少錢」？詳情參見 A1。
動機偏好	詢價的背後動機來源於大腦的慣性思考還是理性思考？絕大多數情況下初期詢價都是慣性使然。任何人在看到一個新產品，或者接觸到一個新東西時，通常的反應就是賣多少錢呢？詳情參見 A1。
客戶目的	此時客戶的目的不是為了購買而詢價，而是習慣性地詢價。習慣詢價的背後沒有特別明確的目的，如果説一定有目的，那就是一種內心的價值參數，用價格做參考來確定一個價值範圍。詳情參見 A1。

客戶策略	初期的接觸，只要銷售人員與客戶開始了良好的溝通，客戶詢價是沒有策略的。這個階段是內心比較型的尋找價值，簡單地搜索產品的價值訊息。應該是無策略的習慣發問。詳情參見A1。
典型問話	「這個型號的馬達多少錢？」「這種規格的配料多少錢？」「這款配置的車多少錢？」「完整的衝壓，冷卻系統總報價是多少？」「這個項目的大致費用是多少？」詳情參見A2。
銷售策略	制約是一種常見的溝通策略。尤其應用在客戶詢價的初期階段，是一種控制右腦的策略。透過制約策略，為銷售中期的溝通和全腦博弈過程做準備。詳情參見A2。
策略例子	「聽您問的話就知道您不是一般人，您問的這個型號不多見了，價格挺貴的！」這個回答是基本策略。詳情參見S1。

A1：

這個部分涉及初期詢價的背景分析，客戶動機的發展過程，以及客戶的主要目的和使用策略。

日常生活中，無論客戶購買的是什麼產品，都會在初期詢問價格，哪怕產品上有明顯的價格標籤，客戶仍然會問一句，「這個產品多少錢？」那麼，對於一些大批量的採購、長期的生產資料性質的產品是否也有這個現象呢？我們訪談的一個UT斯達康的高級銷售顧問說，即使是中國通信領域的五大運營商，在洽談幾百萬的項目初期，也要在進入高級會談前確定一個價格範疇。哪怕是招投標，招標方也會明確要求投標方在明確的地方標注價格。

所有這些現象表明，消費者在採購的初期階段都會問價格是一種習慣，是一種沒有經過邏輯思考的本能，是試圖在形象的範疇內將產品進行初步的歸類。人們頭腦中對產品的價值有兩個分區：昂貴區和廉價區。當知道一個霜淇淋是28元的時候，就將其歸類到昂貴區，而將報價為5元的霜淇淋歸類到廉價區。人們的右腦會對產品的價格自動映射，一旦進入廉價區，對該產品的品質、品牌、質量等的美好想像就都消失了；而一旦進入昂貴區，即便當前沒有消費能力，內心也已建立了對它的美好嚮往。

　　此階段是右腦的感覺和形象在驅動對產品價值的認知，於是，初期報價就變成了一種技巧。許多初級銷售人員會單純地認為客戶詢價肯定是要購買，卻忽略了第一次詢價的目的是尋找價值。簡單地回答「您問的這款電視機是4200元」的後果就是，消費者接著便說「太貴了！」於是銷售人員開始解釋，我們的電視機好在哪裡，為什麼是有價值的。在消費者不具備對產品價值的鑒別能力、內心覺得該產品不值錢的印象下，銷售人員的所有解釋都是無效的。

　　由於該階段客戶是下意識、習慣性的提問，因此，完全是右腦控制下的行為。右腦不是產生策略的地方，所以該階段客戶的行為是沒有策略的。策略是透過有計劃、有步驟、有次序的連續動作達到預先設計的目的的想法和行動。

　　這就是應對客戶初期問價的策略的所有前提。

A2：

　　這個部分涉及典型問話、銷售人員的應對策略以及對話例子。典型問話如表7-2中所述。這些問話的意圖都是類似的，潛

在客戶需要在第一時間充分瞭解該產品的價值，並迅速歸類到頭腦中的昂貴區或廉價區。

此時，銷售人員應採取制約策略使銷售過程的發展利於自己。制約，就是主動發起控制客戶大腦區域歸類方法的溝通技巧。如何制約？就是預先說出客戶可能會習慣說出來的話，從而迫使客戶的思維慣性更改方向。具體表現如下：

客戶：「這種規格的配料1公斤多少錢？」

銷售：「您問的這個配料是我們所有配料中最少見的一種，您可真有眼力。我銷售配料已經5年了，沒有任何一個配料的價格超過您問的這個規格的。」

客戶追問：「到底多少錢？」

銷售：「它1公斤的價格是那些配料10公斤的價，387.5元。」

此時，客戶有兩種思考趨勢：一種是將其歸類為昂貴區，然後顯示實力，比如，「小夥子，你瞧不起人，這就是貴呀。我們買的就是這個料。」這個結果非常理想，為以後採購時的價格談判埋下了對銷售人員有利的伏筆。另一種表現是：「噢，是不便宜呀。為什麼呢？」此時，客戶再詢問，銷售人員可以順勢展開對產品的介紹，而客戶這時也能聽進去。這就是透過預先的策劃來達到控制客戶的思考向對我方有利的方向發展。

S1：

銷售策略是透過計畫、謀略來實施的一個連續、有步驟、有次序的行為，從而達到預先設計的目的。銷售策略有三個步驟：

第一，稱讚客戶的眼光，或者稱讚客戶的獨到之處等；第二，強調產品的獨特性，或者少見、短缺等，如「這個產品已經被訂購了」「這個產品是本地最後兩台了」等；第三，稱讚我方產品的昂貴，絕對不提具體價格，如「這個產品可貴啦」「這可是我賣的最貴的一款產品了」「這個價格可是驚人的啊」等。這就是「全腦銷售博弈」中最有魅力的部分，將理性思考的結果透過預先設計的話語表現出來，就達到了銷售人員預期的目的。在本書開篇「全腦銷售博弈」的象限圖中就強調過，銷售人員的左腦實力碰撞到客戶的右腦習慣時，銷售勝！

第二階段：中期詢價

表7-3中期詢價應對表

	隨著銷售過程的展開，客戶與銷售人員的關係過渡到熟悉的程度，客戶在這個階段對價格的考慮才是真正的性價比考慮，是貨比三家。詳情參見B1。
動機偏好	中期詢價的主要特點是理性比較，理性比較的前提是對產品具備鑒別能力。一旦不具備真正的鑒別能力，那麼，理性比較會比較快速地演變為感性比較。所以，動機偏好為左腦功能。詳情參見B1。
客戶目的	這個階段的詢價出於多家對比的目的，在幾家的報價之間衡量，但是，價格並不是最後的首選前提。即使是那些口口聲聲說就看重價格的人，最後也會說當然產品要好。詳情參見B1。
客戶策略	此時的策略是簡單的、純樸的。他們會將競品的價格做一些有利於他們的修正來要脅銷售人員。在銷售過程中，這叫第一次誘惑。詳情參見B1。

典型問話	「你看人家給我的報價是32萬，你可以給我多少？」「你的報價比人家高多了，你沒有誠意。」「如果你可以給我這個價，我就可以簽約了！」詳情參見B2。
銷售策略	銷售人員的策略就是示弱以及充分的耐力。在客戶的誘惑面前表現出受到了誘惑，在這個表現的前提下不斷堅持，依靠執著保持著價格的底線。具體對話詳情參見B2。
策略例子	「您說的這個價格我還真做不了主，我當然是想做您的生意，所以只能請示經理了。不過，我現在也不敢去請示他。」這個策略顯示的是示弱之後的反攻策略。這個回答的基本策略詳情參見S2。

B1：

　　這個部分涉及中期詢價的背景分析，客戶動機的發展過程，以及客戶的主要目的和使用策略。

　　客戶在這個階段對價格的考慮才是真正的性價比考慮，是貨比三家。此時，客戶預計在有限的兩家或三家之間比較價格。這個階段的詢價就是尋找一個性價比優一些的供應商，然後慢慢談，或者進入高層次的會談，或者進入實質性的談判。

　　在這個背景下，中期詢價的主要特點就是理性比較，在幾家供應商之間進行硬性的、可以明確衡量的價格比較。理性比較的前提是對產品具備鑑別能力，可惜的是，中國多數領域的採購人員不一定具備對產品真正的鑑別能力，比如鋼琴的購買者不一定知道鋼琴到底應該如何選擇，汽車的消費者不一定清楚怎麼識別汽車的好壞，於是，理性比較會比較快速地演變為感性比較。所以，客戶這個階段的動機偏好來自左腦，但是，由於缺乏識別能力，最終仍然是憑感覺。

一旦潛在客戶具備了對產品的鑑別能力，比如大型設備、專案工程的採購人員對要採購的東西具備評價能力，這個階段就是非常硬性的價格競爭了。客戶的動機牢固地停留在左腦，銷售人員就需要公司的說明才有可能透過這個關口。此時可參考本書第12章中的大客戶動機分析。

　　這個階段的詢價出於多家對比的目的，在幾家的報價之間衡量，但是，價格並不是最後的首選前提。即使是那些口口聲聲說就看重價格的人，最後也會說當然產品要好。所以，即使在投標中也要講策略，那就是雖然控制報價不能是最高的，但是也不能是最低的。如果一定要迴避的話，應該首先迴避報價最低才是最重要的策略。

　　這個階段對銷售人員的考驗就是克服客戶的誘惑。此時客戶的策略是簡單的、純樸的，他們會將競品的價格做一些有利於他們的修正來「要脅」銷售人員。在銷售過程中，這叫第一次誘惑。許多銷售人員難以成長的關鍵就是過於相信客戶的誘惑。當客戶說「你答應這個價格我就下單」，我們的銷售人員天真地答應以後，客戶以沒有帶夠錢為藉口離開，下次再來就從上次答應的地方開始談起。這就是慢步走進誘惑的陷阱的代價。

B2：

　　這個部分涉及典型問話、銷售人員的應對策略以及對話例子。

　　典型問話如表7-3所述。甚至會有客戶拿出相當數量的現金展示給銷售人員看，並且說：「你看，訂金都帶著呢，就你一句話，成還是不成？」

讓我們看看具體的銷售策略。銷售人員一定要堅信，多數的客戶是沒有策略的，沒有周密的計畫來討價還價的，他們的表現其實很純樸很天真。雖然有一些狡猾，但是，這些狡猾其實最後還是會害了他們自己。他們的這些說法都是未經深思熟慮的，是脫口而出的，是沒有後路的，也就是說，只要銷售人員有準備，就可以後發制人。

看這個回答：「您說的這個價格我還真做不了主，我當然是想做您的生意，所以只能請示經理了。不過，我現在也不敢去請示他。」這個策略顯示的是示弱之後的反攻策略。這個策略體現兩個精神：一是真誠地示弱，二是持久的耐力。具體的語言包括三個次序和含義：

首先是全面地示弱，明確表示自己沒有權力做主。比如：「我實在是沒有空間了」「我實在是沒有許可權」「以前沒有給過這個價格」等。

其次是表達出了你的生意我是要做的，我還是想維持關係的，即使生意不成友誼還要在等諸如此類的意思。這就是持久，保持著膠著的狀態。比如：「您都來這麼多次了，我真想合作成功呀」「就衝著您這麼理解我，我也要為您爭取呀」「您也照顧一下我吧，我已經沒有一分錢的佣金了」等。

最後的含義是殺手鐧，明確堵死他指揮你去找經理的話。他可能說，「你無權，找你們經理來」。所以，銷售人員一定要說在前頭（還是制約），充分表現「我不敢」或者「我害怕，經理要罵我的」或者「上次就是這樣去找的，結果被罵回來了」。一定要堅信客戶會追問「為什麼呀？」此時，他就順著你布好的思

路走過來了。你回答:「經理要求我必須問您3個問題(S3),才可以去找他。」

他也許會問,也許會猶豫。如果客戶問了,那是最好,如果不問,你也可以自言自語:「第一個問題,您帶錢了嗎?」停頓,等待一下答案,繼續說:「第二個問題,要是您要的價格經理答應了,您就簽約嗎?」停頓一下繼續說:「第三個問題,您自己就可以決定購買了嗎?」接著說:「就這3個簡單的問題,只要您答應,我這就去找經理,好嗎?」如果沒有得到滿意的答覆,你完全可以不去找經理,但是得到一定程度的答案後,就可以去找經理了。

這就是這個階段的基本策略。其實,這些演變已經將客戶推到了簽約階段。請那些還沒有自信的銷售人員堅信:理性是永遠可以戰勝感覺的。

第三階段:後期詢價

表7-4後期詢價應對表

	在銷售過程發展到尾聲的時候,客戶在選定的幾家中開始比較正式的、目的是為了便宜一點的心態展開還價行為。詳情參見C1。
動機偏好	後期的還價行為多數是客戶用右腦進行的思維活動。主要動機包括面子、炫耀、貪便宜、顯示自己在行、有見識、有經驗等,是一種常見的右腦表現。議價本身看起來是左腦的能力,背後的本質參見C1。

客戶目的	在確定了供應商之後的議價其實就是能省一分是一分的心態的體現。透過立刻簽約的承諾再次誘惑銷售人員，獲得一個低於市場的平均價格。銷售人員面臨著最後的誘惑。詳情參見C1。
客戶策略	使用銷售人員最在意的簽約為誘餌，使用「立刻就簽」、「現在就交錢」的策略迫使銷售人員就範。採用誘惑是人類社會中一部分人可以操縱另一部分人的兩個重要武器的一個。詳情參見C1。
典型問話	「只要你答應這個價格，我現在就簽！」「你看我這訂金都帶著呢，合約章也帶來了，就等你一句話了。」「咱們都談了這麼久了，你不會為了這5％的折扣不給丟了我這個大單吧？」詳情參見C2。
銷售策略	銷售人員採用無能為力以及犧牲自我的策略來應對價格博弈的決戰時刻。在讓步為前提條件下堅守三個防線：今天嗎（Today）？帶錢了（Money）？有決策權嗎（Decision）？即TMD策略。具體對詳情參見C2。
策略例子	「您今天就簽約嗎？」「您的訂金帶了嗎？」「您自己決定就可以嗎？」TMD策略表現的就是儘量堵住客戶知道底價後的退路，並為銷售人員自己準備好巧妙的退路。策略詳情參見S3。

C1：

　　這個部分涉及後期詢價的背景分析，客戶動機的發展過程，以及客戶的主要目的和使用策略。

　　在銷售過程發展到尾聲的時候，客戶在選定的幾家供應商中開始以比較正式的、為了得到便宜價的心態展開討價行為。有時，這個過程由中期詢價直接發展而來，而且是隨著銷售人員的有效策略推動客戶快速發展到簽約前的考慮，即一種衝動的情

緒。在客戶即將簽約時，其心情是完全被感性控制了的，最後的討價還價其實是一種面子和虛榮，在自己朋友面前顯示自己的精明。這些都是初級的、人類原始的感性動機，受右腦控制。後期的討價行為多數是客戶用右腦進行的思維活動。

議價本身看起來是左腦的能力，但背後的本質卻是完全感性的、無法測量和量化的一種感覺，來自大腦的右半球。具體來說，就是在確定了供應商之後的議價其實就是能省一分是一分的心態的體現。透過立刻簽約的承諾再次誘惑銷售人員。此時銷售人員面臨著最後的誘惑。這是議價中發生的第二個誘惑。讓我們來思考一下銷售人員的心態發展：

第一，銷售人員經常有一種勢在必得的心態，這就危險了，哪裡有百分之百的成交率呢？第二，有一個客戶不容易，再說談到這個地步就更不容易，能賣就賣吧，於是就輕易失去了公司的利潤，沒有了抗衡下去的決心；第三，被客戶的話激到了馬上要決策的情形下，看似到手難以克制。

在客戶來看，既然銷售人員都是以銷售提成為主要的收入方式，一定有勢在必得的心態，於是就可以用這個心態指向的簽約為誘餌，使用「今天就簽」「立刻就簽」「現在就交錢」的策略激起銷售人員的衝動，迫使銷售人員就範。採用誘惑是人類社會中一部分人可以操縱另一部分人的兩個重要武器中的一個。誰能控制住自己的衝動，誰就能贏得最後的較量；誰陷入衝動和感性，誰就失去了布好的戰局。「現在就交錢」的事情幾乎沒有發生過，或者發生的幾率很小，不值得在這個賭局上下注。

這個部分涉及典型問話、銷售人員的應對策略以及對話例子。典型問話如表7-4所述。試想一下，當一個跟了3個月的客戶說了這樣的話後，銷售人員怎麼經得起如此的誘惑呢？

銷售的基本策略就是自我犧牲。銷售人員採用無能為力以及犧牲自我的策略來應對價格博弈的決戰時刻。在讓步為前提條件下堅守3個防線：今天嗎？帶錢了？有決策權嗎？這就是著名的TMD策略。

具體的用法就是：「您今天就簽約嗎？」（時間），「您的訂金帶了嗎？」（錢，沒有錢就沒有誠意），「您自己決定就可以嗎？」（決策，沒有決策權的人浪費青春）。

TMD策略表現的就是儘量堵住客戶知道底價後的退路，並為銷售人員自己準備好巧妙的退路。

看例子：

客戶：「只要你同意降低2000元，這輛車我就要了，合約隨時簽。你看吧？」

銷售：「我是真想同意您這個要求，也不耽誤我們談了這麼長時間。可是，我實在是沒有這個許可權呀。」

客戶追問：「那你去問你們經理呀。」

銷售：「張哥，不是不能去問，是我不敢呀。」（稱呼的作用請參見第3章）

客戶：「為什麼不敢？你怕他什麼，有我呢！」

銷售：「如果您今天就能決定購買，我就去問，這樣不會挨罵，我也是打工的呀。」

客戶：「如果他答應便宜2000元，我今天就訂。」

銷售：「您自己就能定下來了，畢竟是12萬元多的車呢？」

客戶：「當然了，都是我說了算的。」

銷售：「此話當真？這樣，我做一個合約，價格就寫降低2000元，你簽了字，我就讓經理簽，也許就成了，您說呢？」

如果客戶答應了，準備合約！如果客戶不答應，再次確認，讓他口頭承諾今天就能定下。然後讓步說，這就去問經理。回來後，直接問客戶：「我現在就為您準備合約！要知道經理今天答應的確是不容易呀。」

如果客戶有任何藉口離開，一定要留一句話：這個讓價就是今天可以給的，如果您不訂，下次還要再與經理協商，就不容易了。不過，如果您信得過我，我會再次給您爭取。

價格上的交鋒是每一個銷售人員都必須經歷的考驗，天底下幾乎沒有不議價的買賣。銷售人員在公司利益與客戶要求之間進行平衡，扮演著協調客戶要求與公司利益的中間人。既然是中間人，角色就要明確，在價格上要以要求客戶讓步為主要思考途徑，而不是以向經理要求降價為主要行為。

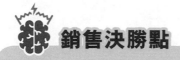 **銷售決勝點**

衡量一下你的行為，對客戶堅持你的價格的次數多，還是向經理要求給予政策的次數多？

用自己的左腦來分析，把握所有的形勢，控制潛在客戶的思考範圍一直停留在右腦的感性中，是銷售高手的共同特徵。

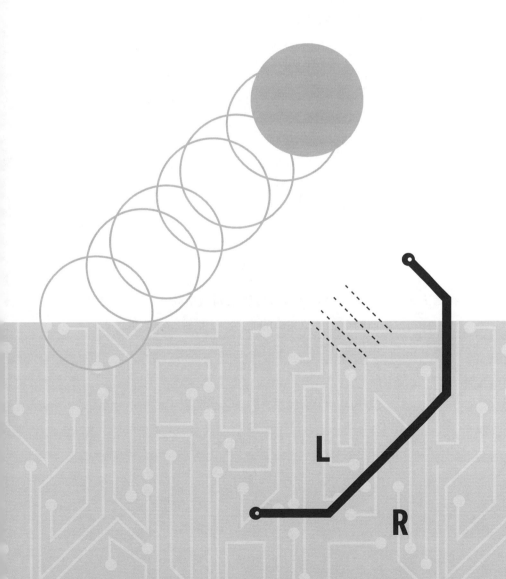

Part. 2

左右腦博弈能力的培養

第8章

「全腦銷售博弈」
的右腦開發術——

洞察潛在客戶的心思不再是難題

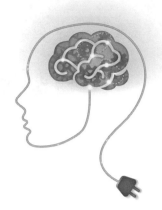

在過去5年,對中國100位頂級銷售顧問的訪談報告進行的研究中,我們發現他們都有一個突出的能力——構建情境。他們可以預測到潛在客戶的思想和行動。當我們詳細探求他們憑藉什麼預知了潛在客戶沒有說出來的想法時,他們都比較為難。經過對大量問卷的分析,我們發現他們都在一個指標上非常突出,那就是對事物發展的想像能力。

而有效提高一個人的想像力,在心理學上已經有了明確的開發方式。應用在行銷領域時,我們開發了一整套情境訓練模組。

在進入本章前，我們先來回顧一下與本章聯繫密切、也為本章提供了理論基礎的資深銷售顧問「全腦銷售博弈」研究成果的法則第16條、第19條、第20條。

　　法則16：**關注銷售人員的左腦建設，左腦能力的內容和水準是可以透過培訓來實現的。相對來說，右腦能力的內容和水準是難以透過培訓來實現的，因此，需要識別銷售人員的右腦水準。**

　　法則19：**右腦水準的測量：包括表達能力、處境判斷能力、快速決定能力、實力分布的快速感覺和傾向、衝突中選擇立場的準確性以及速度。**

　　法則20：**左腦水準的測量：包括思考能力、邏輯能力、推理能力、有效陳述表達一個具體事物的能力、語言的結構、語言的準確性、用詞水準、詞彙掌控能力、有效擴展情境片段到一個完整故事情節的能力。**

頂尖業務員善於構建情境

　　對銷售人員右腦水準進行測量是選擇銷售人員的第一步，然而許多企業在錄用銷售人員時，沒有對新進人員的右腦水準進行相關的鑒別，就對其進行產品培訓。顯然這些銷售人員已經占用了企業的成本，再重新招聘是不現實的，因此，擺在銷售主管面前的問題就是，如何培養他們的右腦能力。雖然右腦能力不容易

培養，但這並不意味著無法培養。

在過去 5 年，我們開發了一個專門針對銷售人員的右腦實力的技術，即情境訓練技術。該技術的開發是基於對中國 100 位頂級銷售顧問的訪談報告進行的研究，其中發現他們都有一個突出的能力——構建情境。他們可以預測到潛在客戶的思想和行動。當我們詳細探求他們憑藉什麼預知了潛在客戶沒有說出來的想法時，他們都比較為難。經過對大量問卷的分析，我們發現他們都在一個指標上非常突出，那就是對事物發展的想像能力。

而有效提高一個人的想像力，在心理學上已經有了明確的開發手段，那就是情境訓練。隨後，我們開發了一整套情境訓練模組，作為當時提供給主要的大客戶奧迪學院的一個高級銷售顧問全腦實力培訓模組。該方案雖然沒有得到整體採納，但是，其中關鍵的幾個核心構件不僅被採納，而且被強化和普及。另外的基本操作性構件後來被賓士汽車中國公司採納。隨後，由於多次公開課的傳播，情境訓練模組被許多企業作為一線銷售人員的必備訓練課程。尤其是 2004 年以來，該技術中的許多核心構件已經被專長銷售的企業紛紛採納了。其實，針對銷售人員的情境訓練技術主要是為開發右腦實力設計的，因此，當銷售人員的右腦實力提升以後，加上其本來就具備優勢的左腦能力，從而使他們達到具備全腦銷售的能力。

情境訓練包括 5 個重要的環節：右腦水準測試、基本溝通強化訓練、場內參與演練、情境模擬實戰，最後是真實客戶的實戰應用。其中，第一個環節已經在本書的導讀中進行了詳細說明。但是，那個測試僅僅是全腦銷售水準測試三個部分中的入門級別，還有兩個針對性測試，是分別強化左腦實力及全腦協調轉換

水準的。第二個環節中的大量案例，本書中已大量列舉，你可以運用書中學到的知識來多角度地審視它們。但是，它們僅僅是閱讀階段的初級內容，基本溝通強化訓練的中級內容包括「傾聽」訓練、「3分鐘策略」訓練（本章）、「深不可測」訓練（所謂深不可測，就是在與潛在客戶溝通時，透過有計畫的話題有意識地暗示對方：你的問題我清楚，你的困難我知道，你將來主要考慮的要點，我也基本清楚。要想具備深不可測的能力，銷售人員必須對自己的產品在解決客戶問題方面具有透徹的認識，實例請參見第12章中的內容）、「百問不倒」訓練（具體內容請參見第9章），以及最後過關內容的「請客吃飯的話題競賽」（可參見第4章關於菸酒內容的介紹）。

這裡主要介紹場內參與演練部分的強化訓練內容，這個訓練構件包括5個組成部分：兩步圖片法強化右腦情境構想能力、五段撲克牌法強化右腦關聯能力、三分影視片法固化右腦全景能力、二維角色法強迫實際中右腦表現、案例角色扮演法。

兩步圖片法／強化右腦情境構想能力

請看圖8-1和圖8-2，圖8-1是現象，圖8-2是人物。兩步圖片法中的兩步如下：

第一步：回答有關圖片的若干問題。就這兩幅圖，請回答如下的問題：

1　這兩幅圖片試圖說明什麼問題？
2　這兩幅圖片的背景是什麼？

3　這兩幅圖片中最顯眼的是什麼？

4　這兩幅圖片的主題是什麼？

5　這兩幅圖片的用途是什麼？

6　這兩幅圖片的拍攝者是什麼類型的？

7　這兩幅圖片中的人物關係是什麼樣的？

8　這兩幅圖片中環境關係是什麼？

9　這兩幅圖片可以給你的產品帶來的銷售機會是什麼？

10　這兩幅圖片揭示了什麼？

　　第二步：看到這兩幅圖片，你可以提出什麼樣的問題。至少提10個，不能與前面10個問題重複。

　　這兩個步驟不分先後，入門水準可以先做回答問題的訓練，高級水準可以先做提問訓練。過關要求：看到這兩幅圖片的時候，可以直接就自己試圖銷售的產品，找到銷售契機或者銷售的切入點。

　　注意：以上3個進階都沒有標準答案，但是有3個級別。初級是在5分鐘內回答第一步的10個問題；中級是在3分鐘內提出10個問題；高級是在3分鐘內提出3個銷售自己產品的銷售線索。

例子：

　　在訓練一個知名筆記型電腦電話直銷團隊的銷售人員時，採用這個方法得到如下的回答（銷售人員看到了圖8-1）。

1　這幅圖片試圖說明什麼問題？

答：機會稍縱即逝。

圖8-1現象

圖8-2人物

2 這幅圖片的背景是什麼？

答：是中國時代進步的背景，是社會變遷的背景，是人們心情複雜的背景。

3 這幅圖片中最顯眼的是什麼？

答：條幅最顯眼，其中的文字更加顯眼，尤其是WTO。

4 這幅圖片的主題是什麼？

答：主題是把握機會，人人都想把握機會，看誰才會採取行動。

5 這幅圖片的用途是什麼？

答：可以用於激勵有惰性的人。

6 這幅圖片的拍攝者是什麼類型的？

答：拍攝者有一雙不斷尋找新意的眼睛，這個人肯定還有許多圖片值得分享。

7 這幅圖片中的人物關係是什麼樣的？

答：過客，與時代擦肩而過的人，忙忙碌碌的人。

8 這幅圖片中環境關係是什麼？

答：建設中的城市，歷史與現代構成的反差。

9 這幅圖片可以給你的產品帶來的銷售機會是什麼？

答：筆記型電腦是時代進步的一個標誌，從桌上型電腦到筆記本電腦的進步也許就是中國全球化進程的一種表現。

10 這幅圖片揭示了什麼？

答：這幅圖片揭示的主題就是，不要看著機會過去，而要投身其中，參與到機會當中去。

　　這個銷售人員後來被證明是一個非常優秀的銷售顧問，具備相當發達的右腦能力，尤其是一些難以攻克的刁難客戶都被他輕

鬆拿下，而且客戶不斷給他介紹新的客戶。

這個銷售顧問不到3分鐘就指出了3個可能的銷售機會：對WTO的敏感導致對自身處境的感知，對技術設備的應用應該是對WTO敏感的人一個內心想法；其次，我們的企業是世界500強之一，在中國的業務開展連續多年取得市場的認可，這也是客戶對WTO思考的一個方面；最後，把握機會購買房子的人、追求升值的人對價值的認可比對價格的敏感要強，因此，這是我們高端筆記型電腦銷售的一個非常容易獲得認同的機會。這個訓練在課堂上獲得非常熱烈的迴響。3個小時中，有20幅圖片被情境訓練技術採用。透過右腦密集訓練之後，銷售人員會養成一個習慣：對現象的問題進行即刻的反應，依靠右腦的印象來建立各種可能的客戶關聯，透過形象思維渲染情境，並贏得客戶的認同和共鳴。注意，這個結果並不是可以透過語言來描述的，右腦訓練最核心的本質，就是不同的參與者會得到不同的結果。每一個參與訓練的人的頭腦中都會殘留著圖像、印象、幻象，從而在以後的實戰應用中本能地反應。這不是透過思考獲得的，而是透過圖片的強化、密集訓練構成的右腦框架。

評價參與者水準，以及進一步的詳細評估指南如下：

初級水準：可以描述看到的表象，如顏色、物體、圖形等，可以描述畫面中表象的關係，簡單的人物關係以及背景關係；提的問題也可以是常見的、有普遍意義的問題。比如，前面的例子中描述條幅、描述生日、描述過往的人等都是初級水準的表現。

中級水準：可以透析現象傳遞的含義，如WTO給人的衝擊、壓力，並且可以指出這些現象的可能發展和情境，尤其是圖

片上沒有看到的情境。比如，對價值的認可和追求就是中級水準思考的人可以表現出來的。一般人在達到初級水準後，經過密集的3個小時的訓練，一周一次，持續4周後，大約80％的人可以達到中級水準。

高級水準：可以達到這個境界的人非常少見，即使是密集訓練，一般也要在一年以上才有可能。現實社會中達到這個水準的人不到1％。這個水準的表現為抽象的情境想像力，比如機會意味著房子，房子意味著家具，家具意味著車，有可能是賓士車的用戶。那麼從WTO入手，邀請客戶發表這方面的看法從而獲得認同。這就是對情境想像的實力了。

切記，這10個問題沒有標準答案，只有參考的描述可以確定級別。根據我們的培訓經驗，50％的人可以完成回答問題這個階段。經過密集的3小時訓練，其中會有20％的人達到中級水準，可以在5分鐘中內提出10個問題。堅持4周，每周自我訓練4個小時，70％的人可以達到接近高級水準的實力。持續訓練12周，這個構件就徹底過關了。

五段撲克牌法／強化右腦關聯能力

基於對資深銷售顧問的研究，我們發現優秀的銷售人員在說話方面非常得體，恰到好處，有進攻、有讓步，拿捏到位。銷售過程中溝通能力非常重要，然而如何訓練一些銷售水平一般的銷售人員的溝通能力呢？我們組織開發了一個專門用於訓練說話能力的工具──撲克牌。說話能力體現在話題的尋找能力、客戶語

言中關鍵字彙的捕捉能力，以及組織自己語言的思想能力這三個方面。這是三個階段，就是自我話題、客戶話題，以及主導控制話題。

我們將一副撲克的52張牌，每張寫上一個詞彙，其中16張是名詞，如模型、汽車、電話、掛曆、廣場、夜晚等；16張是動詞，如簽約、賄賂、操作、打擊、談判等；10張是褒義的形容詞，如美妙、漂亮、積極、悠揚、快速等；10張是貶義的形容詞，如醜陋、卑鄙、陰暗等。這樣，一副撲克牌訓練工具就做好了。

訓練有5個階段，分別是按照從易到難的次序展開的：

第一階段：造句。隨機抽取一張牌，看到詞彙後立刻造一個連貫的句子。當銷售人員基本通關、熟悉規則以後，馬上提高難度，要求這個句子必須是與自己銷售的產品有關的。比如，拿到「悠揚」一詞，對於銷售網路產品的銷售人員來說，合格的句子應該是這樣的：網路產品不會如同美妙的音樂一樣悠揚，但是，透過網路簡單輕鬆地完成交易以後，卻有的是時間可以享受悠揚的音樂。嚴格要求必須與自己銷售的產品聯繫起來，即使是廣告銷售，也必須要做到，甚至是鋼鐵的銷售、礦石的銷售都是可以也必須要做到的。只有做到這樣，這個階段才可以過關。

第二階段：任意抽取兩張牌，用抽到的兩個詞彙完成造句，並且與自己銷售的產品有關。非常熟練以後才可以過關，進入第三個階段。

第三階段：任意抽取3張牌，用抽到的3個詞彙與自己銷售的產品聯繫起來造句，要求語句通順，不能牽強。然後，要求兩個人開始對話，第一個人抽取3張並完成造句後，第二個人也抽

取3張造句，所造句子必須與第一個人的句子有銜接的含義，讓旁人聽起來是兩個人在對話，通順、自然，有含義的過渡。兩人最好是以客戶和銷售人員的身分來造句。通過後，可以發展到下一步。

第四階段：任意抽取4張撲克牌，用4個詞彙扮演客戶、銷售人員互相造句，並持續下去。也就是第一個人抽取4張，用客戶的口氣造句，然後，第二個人也抽取4張造句並能回答第一個人的句子，要求通順。接著，第一個人繼續抽取4張，用它們造句來回答第二個人的句子，周而復始，直到抽完一副牌。

第五階段：多人參與。第一個人任意抽取5張造句，第二個人也抽取5張造句來回答第一個人的句子，第三個人同樣抽取5張造句來回答第二個人的句子，周而復始，直至一副牌用完。為了多人有趣，可以將52張牌擴展到104張，原則就是1/3的名詞，1/3的動詞，最後的1/3中貶義與褒義的形容詞對半。

這個訓練強化的是右腦的關聯能力，可以提高銷售人員在與客戶對話時把握話題的能力、應對不熟悉話題的能力，以及發現關鍵字彙的特殊含義的能力，發現以後順應銜接回來的能力，最後發展為主導對話、控制話題向有利於銷售人員的方向進展的能力──右腦訓練達到最高境界。

這個方法因為撲克牌的流行和容易接受，得到了很多企業的採用。訓練的時間也是靈活的，隨時可以在午飯結束後、下班後的半小時內進行，方法簡單，效果顯著。此方法也得到了包括跨國企業在內的許多企業的採用。賓士一線高級銷售顧問採用這個方法後，發現銷售人員平時與客戶溝通的能力得到了大幅提高。

以前年輕的銷售人員沒有能力與有著雄厚資金實力的潛在客戶平等溝通，經過系統、連貫的五段撲克牌法訓練，溝通能力得到大幅度提高，客戶關係也理順了，銷售業績不斷穩固提高。

三方影視片法╱強化右腦全景能力

關於三分影視片法，由於文字的表現形式無法在這裡充分體現出來，只能在此給予一個簡單描述。我們剪輯了大量的不到5分鐘的影視片段，這些片段中有人物對話，對話都是與人物交往有關的。參加培訓的銷售人員看過影視片段後要用3個方位來參與挑戰：

第一方位：假定自己是其中一個人物，你會如何與另外一個人物對話。至少提供3種可能的劇情演變推斷。

第二方位：要求兩個銷售人員參與，各自扮演其中的角色來完成對話，各自都必須完成原片中角色的目的。至少演變出兩種不同的對話節奏和方向。

第三方位：將自己要銷售的產品融入到對話中，有效地、自然地展示出來。

以上3個方位在銷售人員參與時都給予全程錄影，之後，讓銷售人員回看錄影，並再次參與評價，全體銷售人員給予評價。這其實是提升全景能力，尤其是強化右腦中對全景的印象，並參與其中來磨練右腦。

二維角色法／強迫實踐右腦表現

這個條件包括兩個環節：

第一個環節：是對假定的、事先給出的銷售情境進行參與式表演。通常有兩三個人參與，要求各自閱讀自己的角色說明，10分鐘後開始銷售過程的演練。在限定的（通常是20分鐘）演練結束後，各自要回答至少10個問題，都是關於對手心理動態的描述性問題，從而強迫參與者回顧，在右腦中尋找蛛絲馬跡，強迫右腦進行快速的閱讀和記憶。問題回答後，參與者互相核對、討論，並得到各自的分析結果，從而決定誰可以過關，並參與第二個環節。

第二個環節：就是真實的客戶電話溝通。電話溝通在培訓教室內進行，要求參與的人從自己真實的客戶庫中找到一個尚未成交的客戶，給大家詳細的客戶資料，並訂定一通電話的3個階段，包括開場白、意圖以及最後的承諾要求等所有內容。之後經過反覆的核對後，開始給客戶打電話，並對電話進行錄音。一般限制這個電話不能超過20分鐘就要達到既定目標。結束後對錄音進行分析，從而測評該銷售人員的右腦進步情況。

詳細的角色演練以及實際的電話溝通錄音，請參見第10章中的案例。

案例角色扮演法

透過對實際工作狀態中行為的演練和模擬來提高銷售人員

右腦的使用習慣，以及強化其右腦中人情世故的一面（詳見表
8-1）。

表8-1 透過角色扮演法提高銷售人員右腦的使用習慣

角色A	請你扮演一位走進展廳的客戶。扮演前，請回答如下問題： 1 你設想的人物的工作是： 2 你設想的人物對什麼車型感興趣： 3 你設想的人物購買賓士車的預算是： 4 你設想的人物已經走訪過的車行有： 5 你設想的人物需要瞭解3個關鍵的問題就可以決策採購了， 　這3個問題分別是：
角色B	請你扮演展廳中的銷售人員。扮演前，請思考如下問題： 1 獲得潛在客戶的興趣的方法有： 2 獲得潛在客戶的關鍵資訊的方法有： 3 獲得潛在客戶的關鍵預算的方法有： 4 獲得潛在客戶的職業的方法有： 5 透過一些訊息就可以初步判斷客戶的購買意向以及偏好的車 　型和在乎的要點，有哪些方法可以瞭解到？
角色C	請你負責監督，並督導角色A和B的演練。在開始前，請你必 須檢查他們兩人是否都回答了各自的5個問題。他們各自回答 好5個問題後，就可以開始了。此時，你負責計時，演練時間 為20分鐘。演練後，你要回答如下的問題： 1 角色B是否得到了他事先想得到的答案，他問了什麼問題？ 2 角色B的溝通是否讓角色A滿意，如果你是角色B，會怎麼 　做？ 3 你認為角色B有什麼需要改進的地方，請與他們探討，並將 　探討的關鍵點寫下來：

銷售角色演練

　　這個演練包括3個角色，分別是A、B、C。其中A是上海一家房屋仲介公司的老闆，B是銷售人員，C是老闆的祕書兼司機，也是這個演練中的裁判兼評論人。

你在這個銷售演練中的角色是： A

　　A，祝賀你，你扮演的角色是客戶。你有5分鐘的準備時間。

　　首先你需要瞭解你在銷售人員面前應該表現的狀態，你可以透過仔細閱讀角色說明來瞭解你將要表現出來的態度。

　　你是上海一家房屋仲介公司的老闆。公司成立3年來，你們的客戶群逐漸集中在外國人的圈子裡，他們租房、買房都不太在乎價錢。你們周到、專業的服務，贏得了許多外國朋友的稱讚，口碑甚至都傳到了國外。有一次，居然有一個國外來的長途電話，通話30分鐘後，他們就訂下了一個高檔社區三房一廳的房子一年的租期。他們除了要求安排好房間等所有事情外，還有一個額外的要求，就是希望你們能去機場接他們。隨著業務的發展，這樣的要求越來越多了。要落實一個一年租期的客戶，到機場去迎接他們也是應該的。過去你都是安排客戶經理到機場去接他們，接到以後共同乘坐計程車回來。後來，你感到這些外國客戶並不在意錢，他們在意的是優質的服務。有一次，你的司機臨時向朋友借了一輛寶馬去接客戶，客戶非常高興，到了住處後給了100多美元的小費。後來在向客戶瞭解的過程中，你們逐漸得知一些這樣的客戶對車的偏好。明顯地，他們認為賓士車

是符合他們品味的一款高檔次的車，如果有賓士車來接送他們，他們會支付一定的小費的。在這個基礎上，你決定購買一輛賓士車。

你是一個善於分析的企業家，重視產品的品牌，也重視得到的實惠。其實你不在乎價錢，但是，你對賓士車不太瞭解，尤其是知道賓士車還有那麼多不同型號的時候，你有一些洩氣了。不過聽朋友說，S350是相當符合需求的，因此，你主要想瞭解一下S350到底如何。你的預算是130萬。上次來這個車行，接待你的是銷售顧問小張，這次來你就是要落實一些具體的服務條款。同時，你的司機也提醒你注意車的真正豪華性能。所以，如果今天小張的銷售水準可以讓你的問題得到圓滿解答，你今天就準備簽單了。

非常不湊巧，今天小張不在，不過你也不介意，新的銷售人員還是要大致講一下上次小張向你介紹的情況，主要是介紹了豪華性能、安全性能以及超值服務等。

你僅有20分鐘，需要認真讀懂前面的角色說明。如果B問到上面有關的問題，你應該按照說明的含義給予回答；如果B與你會談的內容沒有出現在上面的說明中，請按照你自己的理解來商談。

你需要回答的問題

20分鐘的演練結束後，請你回答下面的問題。你只有10分鐘的時間。

1 這位銷售人員是否瞭解你的真實需求是什麼？

2　你是否透過他的介紹理解了 S350 對你的業務的幫助？

3　你是否透過他的介紹瞭解到許多同行都在開這款賓士車？

4　你對這位銷售人員的介紹是否滿意？哪些介紹令你不滿意？為什麼？

5　你今天就採購的可能性有多少？（從10％～100％之間選擇一個數）

6　你的期望是什麼？是否得到了滿足？

7　你認為只要再解決什麼問題，你就會同意採購了？

演練場2：

這個演練包括 3 個角色，分別是 A、B、C。其中 A 是上海一家房屋仲介公司的老闆，B 是銷售人員，C 是老闆的祕書兼司機，也是這個演練中的裁判兼評論人。

你在這個銷售演練中的角色是： B

B，祝賀你，你扮演的角色是銷售人員，你的準備時間是 5 分鐘。

你是第一次見到這兩個客戶，他們來找小張，結果小張今天外出拜訪客戶去了，不會回來，而且你也無法與小張取得聯繫，所以只好自己單獨接待這兩個客戶了。你銷售的產品是新款 S350，你知道他們是第二次訪問車行，因此，你決定爭取今天就可以簽單。

你不太清楚對方的身分，也不是很清楚他們的購車動機，你

需要獲得這些資訊，同時，也希望知道上次小張都介紹了哪些方面的內容。

如果你不太瞭解賓士S350，可以根據經驗來首先瞭解客戶的情況。

你可能需要一些產品手冊，或者需要演示的設備，任何你手邊無法獲得的銷售支援你都可以假設自己有，並演示給客戶。是否這樣做取決於你。

你需要回答的問題

你面對的挑戰如下，你只有10分鐘的時間來回答下面的問題：

1　對方兩個人的身分是否確定了？動機是什麼？
2　對方兩個人的購車動機是否一樣？如果不一樣，有什麼區別？
3　對方上次透過小張的介紹都瞭解了賓士的什麼方面？
4　對方誰是一個最終決策人？
5　對方的司機在會談以及業務進展中起什麼作用？
6　你認為對方今天簽約的可能性有多少？（從10％～100％之間選擇一個數）
7.　你認為他們對你的介紹滿意嗎？

演練場3：

這個演練包括3個角色，分別是A、B、C。其中A是上海一家房屋仲介公司的老闆，B是銷售人員C是老闆的祕書兼司機，

也是這個演練中的裁判兼評論人。

你在這個銷售演練中的角色是： Ｃ

Ｃ，祝賀你，你扮演的是老闆的祕書兼司機，同時，你也是
這個演練的裁判兼評論人。你需要立刻開始給Ａ、Ｂ計時，他們
同樣都有5分鐘的時間來準備，你最好現在就提示他們，「你們
只有5分鐘的準備時間，我開始計時了。」4分鐘到的時候，請
你提醒他們還有一分鐘的時間。時間到時，你提示說，「我們的
演練開始。」你首先向Ｂ介紹你的老闆Ａ，然後向Ａ介紹Ｂ。你
需要強調的是，「我們老闆的時間非常有限，所以，我們今天只
有20分鐘。」

你的老闆的介紹

你不是一個無足輕重的角色。你的老闆是這樣的人，請看
介紹：

他是上海一家房屋仲介公司的老闆。公司成立3年來，你們
的客戶群逐漸集中在外國人的圈子裡，他們租房、買房都不太在
乎價錢。你們周到、專業的服務，贏得了許多外國朋友的稱讚，
口碑甚至都傳到了國外。有一次，居然有一個國外來的長途電
話，通話30分鐘後，他們就訂下了一個高檔社區三房一廳的房
子一年的租期。他們除了要求安排好房間等所有事情外，還有一
個額外的要求，就是希望你們能去機場接他們。隨著業務的發
展，這樣的要求越來越多了。要落實一個一年租期的客戶，到機
場去迎接他們也是應該的。過去，你們都是安排客戶經理到機場

去接他們，接到以後共同乘坐計程車回來。後來，老闆感到，這些外國客戶並不在意錢，他們在意的是優質的服務。有一次，你臨時向朋友借了一輛寶馬去接客戶，客戶非常高興，到了住處後給了100多美元的小費。後來在向客戶瞭解的過程中，你們逐漸得知一些這樣的客戶對車的偏好。明顯地，他們認為賓士車是符合他們品味的一款高檔次的車，如果有賓士車來接送他們，他們會支付一定的小費。在這個基礎上，老闆決定購買一輛賓士車。

他是一個善於分析的企業家，重視產品的品牌，也重視得到的實惠。其實他不在乎價錢，但是，你們都不太瞭解賓士車，尤其是知道賓士車還有那麼多不同型號的時候，他有一些洩氣了。不過聽他的朋友說，S350是相當符合需求的，因此，你們主要想瞭解一下S350到底如何。上次來這個車行，接待你們的是銷售顧問小張，這次你們來就是要落實一些具體的服務等條款。同時，作為司機的你也提醒他注意車的真正的豪華性能。所以，如果今天小張的銷售水準可以讓你們的問題得到圓滿回答，你估計老闆準備今天就簽約。

這個演練對你的要求

請注意，你還有一個任務就是計時。時間到15分鐘的時候，請你提示：「老闆，我們還有5分鐘。」

在演練結束後，請你提醒他們需要10分鐘來完成需要回答的問題。需要回答的問題都在他們各自的角色扮演提示單中，就像你需要回答的問題在下面一樣。你只有10分鐘，而且你還需要給這個演練計時。注意，只有10分鐘。

你需要回答的問題

1. 這位銷售人員是否瞭解你的真實需求是什麼？
2. 你是否透過他的介紹理解了賓士車對你業務的幫助？
3. 你是否透過他的介紹瞭解到許多同行都在開這款賓士車？
4. 你對這位銷售人員的介紹是否滿意？哪些介紹令你不滿意？為什麼？
5. 你今天就採購的可能性有多少？（從10％～100％之間選擇一個數）
6. 你的期望是什麼？是否得到了滿足？
7. 你認為只要再解決什麼問題，你就會同意採購了？

你最後的任務

最後，注意把握時間，10分鐘到了。請你評論這個演練，或者主持參與人來評論這個演練過程。首先，交換各自對角色扮演提示單中問題的回答部分，並互相給予解釋。

賓士情境銷售訓練

情境描述

張先生今年40歲，是浙江寧波一家服裝企業紅杉集團主管市場行銷的副總裁，該集團屬於民營企業。公司業務初期以代加工為主，客戶除了一些小商家以外，有時也為雅戈爾、杉杉等知名品牌做加工服裝。近兩年來，公司業務蒸蒸日上，品牌形象也開始逐漸確立，而且開始向海外出口。因此張先生的日常工作又

多了一個內容，就是要經常接待國外來的買主。張先生已經有一輛奧迪A6了。曾經有一次，接待的外賓提到，乘坐飛機前將自己的一瓶飲料留在車上的冰箱中了，感慨奧迪A6沒有冰箱。張先生後來得知，這位外賓離開他們國家機場時是賓士送他的。因此，張先生隨即指示祕書耿小姐瞭解一下附近賓士車的情況。張先生自己會駕駛，但由於工作較忙，電話頻繁，因此專門聘用了一個專職司機，以便能集中精力處理公事。耿小姐不僅負責公關、記錄、安排行程等事宜，有時還要充當翻譯的角色。

透過與耿小姐的接觸，你瞭解到張先生這個客戶對賓士車不瞭解，但對奧迪車還是滿意的，主要是對他們提供的服務特別滿意。耿祕書自己對車也不瞭解，因此對能否收集到足夠的資訊，為老闆挑選一輛理想的車有些擔憂。

張先生的夫人為支持丈夫的事業，全職在家料理家務，以減輕丈夫的家庭負擔。夫婦二人有兩個孩子，女兒14歲，兒子8歲。在周末或業務淡季，張先生自己也會駕車帶全家到寧波附近的景點旅遊。

張先生有一位表弟，從事電視機、影碟機等家用視聽設備的批發零售業務，他曾陪同耿祕書一同來看過車，好像對S500比較感興趣。

張先生也注意到，A8L好像也是一款有冰箱的豪華車，價格也不便宜。耿小姐對銷售人員透露，張先生的傾向還是賓士，但是對什麼型號沒有把握。不過錢不是問題，據說差一點就買A8L了，後來不清楚國外的客戶是否認同奧迪，所以有一些擔憂。

耿小姐來了兩次以後，決定在S500與S600之間選擇一款。她約好了張先生及夫人下次一起來，並做決定。

如果你是一位銷售人員，將如何制定向張先生的銷售策略呢？你會主推的車型是：

個人與小組的排序

銷售賣點	個人排序	小組排序	答案的差異		
			專家排序	個人差異	小組差異
30個月免費保養維修計畫					
高級音響系統					
車內低噪，寧靜空間					
電控車輛穩定行駛系統					
自動氣候控制系統					
尊貴豪華的造型					
預防性安全系統					
皮質座椅					
內部彰顯貴族氣派					
自動輔助系統					

總數差異

自己	小組

以上是我們在承接賓士汽車中國公司所有高級銷售顧問全腦銷售博弈訓練中所設計的題目。類似的題目也分別給房地產領域、家電領域等採用過。

 銷售決勝點

透過右腦密集訓練後，銷售人員對現象的問題會進行即刻的反應，依靠右腦的印象來建立各種可能的客戶關聯，透過形象思維渲染情境，並贏得客戶的認同和共鳴。

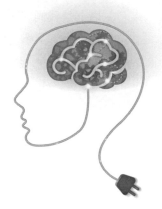

第 9 章

「全腦銷售博弈」
的左腦開發術——

樹立專業權威和建立顧問形象

左腦水準較高的人具備比較嚴密的推理能力和歸納能力，在思考問題和回答問題時邏輯性比較清晰，容易給人行家、值得信賴的印象。左腦能力突出的人就是我們平常所說的理性的人。理性並非天生的，它是可以訓練出來。

銷售人員訓練左腦能力有 3 種途徑：

- 練習百問不倒的功夫和技術
- 熟練數字技術、邏輯技術以及次序技術
- 擁有歸納技術及演繹技術的互聯互通的能力

　　根據對這100位頂級銷售顧問的長時間訪談，以及對銷售行為的追蹤紀錄和分析，專案組的專家們一致認為，中國卓越的銷售顧問首先是右腦發達，其次才是左腦實力。

訓練銷售人員的左腦

　　中國的9年義務教育制度為學生提供了大量的左腦訓練，因此，參加研究項目的銷售人員基本上都在左腦水準鑒別中獲得了較高的分數，具備比較嚴密的推理能力，歸納能力的得分也相當優秀。即使那些銷售業績不理想的銷售人員其左腦邏輯測試的分數也不低。但是，由於缺乏右腦的輔助，在面對理性和感性夾雜在一起的銷售困境時，他們就束手無策了。

　　圖9-1是我們為500位銷售人員測試的4個象限的平均得分，分為A、B兩個組。

　　以上4個象限中分別有10道題，測試的是處理問題時偏好的用腦習慣以及使用的水準。A組是500位銷售人員的平均分，B組為精選出來的100位頂級銷售顧問的平均分。

　　本章和第8章的內容都是期望透過具有可操作性的開發技術手段來快速提高銷售人員「全腦銷售博弈」的水準。對比訓練前以及訓練後的不同分數，研究專案的法則是：那些分數提高得

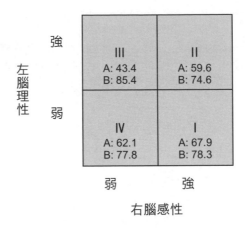

<blockquote>
強

左
腦
理
性

弱

III
A: 43.4
B: 85.4

II
A: 59.6
B: 74.6

IV
A: 62.1
B: 77.8

I
A: 67.9
B: 78.3

弱　　　　強

右腦感性
</blockquote>

圖9-1　500位銷售人員的左右腦水準

較快的銷售人員事後的銷售業績提高得也快，分數提高得慢的銷售人員業績提高也較慢。右腦的開發技術在第8章已經做詳細說明，並提供了在中國一線銷售團隊中的應用。當然，提高了右腦能力，也不能忽略左腦能力。雖然，相比較來說，中國銷售人員的左腦得分會高於右腦，但是，在比對其他國家職業銷售人員的得分時，就有了明顯的差異。這說明右腦的低水準發展制約了左腦的發揮，從而也在一定程度上抑制了全腦水準的表現。

訓練銷售人員的左腦能力可以從3個方面展開：

- 百問不倒的功夫和技術
- 數字技術、邏輯技術以及次序技術
- 歸納技術及演繹技術的互聯互通

百問不倒的技術

百問不倒，就是銷售人員對產品知識的絕對熟悉以及建立標準的能力和水準。在溝通中逐步向深不可測過渡，將回答客戶提問的過程推展到向客戶提問的過程，而且問的還是客戶自己可能都沒有想到的問題，尤其是在客戶的問題基礎上加工他的問題，引申到一個複雜的高度，從而達到專業權威的樹立以及顧問形象的完成。

這一過程尤其強調銷售人員在客戶面前憑藉專業的、對產品充分了解的知識來贏得客戶的信任，贏得客戶的放心。

百問不倒是銷售人員的一種實力。比如，當潛在客戶問：「你這款筆記型電腦的CPU是Centrino技術嗎？」銷售人員回答：

「您的這個問題真的相當專業，您肯定對這款筆記型電腦的CPU有一定的瞭解。其實，Centrino也不過是CPU的一個技術而已。有關CPU，還需要考慮其運行溫度、散熱技術⋯⋯CPU的材料雖然都是由矽片結晶製成的，但是全世界合格的矽片只有3個地方可以提供。我們的CPU肯定是Centrino技術的，但是其他有關的技術也都挺重要的。當實在無法都有效瞭解到的時候，相信品牌和實力就是最容易的選擇，您說呢？」

這是一個典型的從客戶左腦開始逐漸推向其右腦的回答，非常成功。做到這種境界需要一種硬底子的基本功，那就是「百問不倒」。

我們來看百問不倒的現實例子和銷售效應。

應用案例

　　快到北京了，前方就是收費站，京通快速路上車輛的行駛速度漸漸慢了下來，好多車輛開始準備加油，距收費站不遠，就是有名的天成橋加油站。熟悉這裡的司機都知道，天成橋加油站是中國石油百座紅旗加油站之一，這裡不僅油品品質好，而且服務也周到細緻。還有一樣讓人很佩服的是：當問到油品的有關問題時，這裡的加油員幾乎百問不倒。

　　一位好奇心很強的老顧客在加完油後，特地進行了一番實地考察。她詢問加油站女經理張虹宇：「聽說站上有個練兵欄，每日一題考核員工，我能考一考嗎？」張經理欣然答應。這位顧客便叫來一名加油員，邊讀題卡邊看下面的答案。加油員答對了。她又叫來另一名加油員，從練兵欄上抽了另一道題，加油員又答對了，答得從容不迫，給人一種爛熟於心的感覺。

　　外面正好開進來一輛配送油品的車輛，這位瞭解加油站情況的老顧客靈機一動，又「刁難」說：「我想考考你們這裡聞一聞汽油就能知道油品名稱的能人。」她指的能人是計量員陳建強。小陳被蒙上雙眼，他分別嗅了嗅幾瓶盛好的汽油，說出了它們名稱。女顧客驚詫不已。小陳扯下布條，又將手指伸進瓶中蘸了蘸，在拇指肚上撚了撚，說：「我還能說出它們的密度。」

　　女顧客心悅誠服地離去了，帶著驚奇和讚歎。她當然不知道陳建強在工作訓練中所付出的努力。小陳的才能同樣吸引了關注他成長的各級組織，今年上半年，陳建強被調任廣鐵加油站任副經理。

百問不倒是一種嚴格、縝密的基本功，依靠的是嚴謹的訓練，甚至是機械的強化，透過對客戶可能問到的各種問題的周到準備，從而讓客戶心悅誠服的一種實戰技巧。

要做到百問不倒，有一套嚴謹的訓練方法，不僅要有基本的回答問題的能力，還需要背景分析、客戶動機推演等多種相關的系統知識來支撐一個銷售人員百問不倒的功夫。透過訓練的銷售人員普遍非常自信，並可以在較短時間內贏得客戶對銷售人員專業能力的信任，從而有利於客戶在採購決策時考慮會偏向這樣的銷售人員。

訓練方法

將企業的產品手冊交給一個小學生，然後講給這個小學生聽。這個小學生提出的任何問題，不管是否可以回答，都記錄下來，然後回到企業中，要求技術人員、優秀的銷售人員整理，統一一個回答模式。之後要求所有的銷售人員必須死記硬背，滾瓜爛熟後才可以上崗銷售。

數字技術、邏輯技術及次序技術

數字技術特別是指在與客戶的溝通中，善於在語言中使用數字，善於應用邏輯線索，以及相關排序的能力來贏得客戶的認同。試想一下，當人們聽到如下語句時會有什麼樣的心理活動：

1　人生必讀的12本書；

2　人生必去的15個地方；

3　購買手機一定要考慮的3個方面；

4　購買香水不能忽視的2個要素；

5　不能成為老闆討厭的4種人之一；

6　拿到高薪的3個前提；

7　拿下客戶訂單的5個步驟；

8　家庭裝修不能忽視的4個法寶；

9　交友之前的3個反省；

10　結婚前4個不得不説。

　　聽到這些話的人通常的心理活動就是好奇，他們會想：哪12本書呢？哪5個地方呢？拿高薪有哪3個前提呢？結婚前有哪4個不得不說呢？等等。

　　在這個訓練中，我們嚴格要求銷售人員在回答潛在客戶的問題時自然地採用數字技術。比如，當潛在客戶詢問：「這款電視機是高清的嗎？」經過訓練的銷售人員則會自如地回答：「評價一款電視機有3個標準，您問的這個高清僅僅是其中3個標準中的一個——技術領先性。」客戶的思路會跟進，心理活動是等待著銷售人員接著說，或者主動追問，「哪3個標準呢？」

　　當潛在客戶詢問：「這個房屋專案周圍的商業環境如何？」透過嚴格數位技術訓練的銷售人員快速回答：「先生，您這一問就說明您關注的真的與眾不同，說實在的，挑選房屋時，周圍的商圈僅僅是評價這個案子未來前景的4個內容之一。」

訓練方法：

　　拿出一支香菸，要求銷售人員說出評價香菸好壞的3個方

面。也可以用酒、車、衣服、電視節目等作為訓練工具。總之，回答得越快，就說明左腦發展越好。

邏輯技術是在與客戶的溝通中，善於捕捉客戶的邏輯線索，同時，用自己的邏輯線索逐步引導客戶的思路向著銷售人員有利的方向發展。

比如，潛在客戶說，「賓士不好，要不怎麼有人砸大奔（在中國指賓士的豪華車種）呢？」此時，銷售人員要快速整理對方的邏輯思路。對方的邏輯思路是，既然有人砸大奔，就說明賓士都不好。當獲知這個邏輯思路後，處理這個挑戰性的問題就容易了，技巧是：「您剛才說的是砸一輛大奔，所以，賓士就不好，對嗎？」回答中一定要強調一輛。然後接著說，「當年海爾的冰箱還有人砸呢，今天海爾成為了世界品牌。一個產品並不怕人砸，怕的是不瞭解砸的真實原因，是真的對賓士不滿呢？還是為了獲得轟動達到其他目的呢？為什麼砸的時候僅僅砸玻璃，而所有車身都不碰呢？為什麼要選擇一個剛開張的動物園作為砸的地點，而不是到賓士的展廳呢？這輛賓士的車主與這個動物園是什麼關係呢？到底是什麼目的呢？」

銷售人員的這番自言自語，基本上可以打消由於砸大奔事件引發的對賓士車的不信任的想法。這就是邏輯技術。邏輯技術需要銷售人員具備高超的左腦能力，透過事實、透過漸進地對事實的展開有理有力有據地贏得客戶的信任。

訓練方法：

將所有常見的客戶異議寫下來並給出解釋；或者截取一個5分鐘的電視片段看完後，敘述前因後果以及自己的解釋，一定要

完整，並且可以自圓其說；也可以給銷售人員一個絕對結論，要求銷售人員來論證這個結論肯定是正確的，或者肯定是錯誤的。

論證的結果不重要，重要的是看他論證的過程是否有邏輯概念；是否具備前因後果的解釋；是否有條理，可以自圓其說。同時，也檢驗了銷售人員的排序能力，在平時的溝通中是否可以有效地應用次序來讓人們信服。

歸納技術及演繹技術的互聯互通

人類具備兩個基本的邏輯思維能力：一個是歸納，一個是演繹。銷售人員經常與客戶溝通，對這兩個能力應用的考察要求表現在：一個是講述現象，一個是講述結論。

從現象到結論是一個歸納的過程，從結論到現象是一個演繹的過程。這兩個能力都需要較強的左腦能力，需要有充分的思考意識。

例如，潛在客戶說：「我們對供應商的要求很嚴格。」銷售人員可以立刻緊跟：「那是應該的，只有嚴格的要求才可以培養出卓越的供應商。要求嚴格可以從我們的產品設計入手，也可以從包裝入手，也可以從交貨時間、售後服務的回應時間等入手。其實這些也都是我們自己嚴格要求自己的地方，讓您透過我們的合作來檢查我們。」

客戶說的是一句結論：我們的要求嚴格。回答中一定要包括現象，也就是「嚴格的要求」需要設計、包裝、交貨時間、服務回應時間等現象，也是細節來體現。隨時牢記，當客戶說的是結論的時候，我們可以立刻跟進說的就是符合他的結論的現象。

反之亦然。當客戶說現象的時候，我們應該總結出一個結論。比如，客戶說：「昨天開車的時候頭上一直冒汗，手心也出汗，感覺心怦怦地跳。」銷售人員可以立刻接上說：「肯定是天氣太悶熱了，而且車內空調的強度也不夠，要不然就是您的車後坐著重要的大人物。」這番話的意圖是總結客戶說到的多個現象和細節，給出一個符合他意圖的結論。

當客戶說結論的時候，我們用演繹，有了結論就需要找出符合那個結論的現象；當客戶說了許多類似的現象，我們就需要應用歸納的方法來總結和提煉，將客戶的現象和細節提高到一個總結性的高度。在這樣的溝通語境下，每一位客戶都會有互相理解的感覺。他指出了現象，你給出了符合他心意的結論；他說的是結論，你給出了符合邏輯的細節。總之，讓客戶感覺偶遇知己，真是有緣千里來相會，產生「酒逢知己千杯少」的感慨。

訓練方法：

隨便找一本書，打開目錄，看著目錄說這個目錄中應該有的細節或者現象。總之要符合目錄這個結論的現象。或者，找一份當地的晚報，找到社會新聞版，閱讀那些社會新聞，之後給出至少3個。

這就是歸納技術及演繹技術在溝通中因果互相置換的互聯互通的技巧。這是需要強有力的左腦能力來實現的。

不知不可的事

神奇的大腦：腦科學研究成果

在人腦的高級功能中，大腦固然起著舉足輕重的作用，但其他部分，如腦幹和間腦也都有著不可忽視的作用。

現代腦科學研究成果已經揭示並證明了下述幾點：

一、腦幹各部分的功能是：延髓——生命中樞，控制呼吸、心率等；腦橋——中腦與延髓之間傳遞運動資訊的橋樑；中腦——控制許多感覺功能和運動功能，其中包括眼球運動及視覺、聽覺反射間的協調；小腦——調節運動的力度和範圍，參與運動技能學習。間腦各部分的功能是：丘腦——處理來自中樞神經系統其他部分到達大腦的資訊；下丘腦——調節自主功能，內分泌和內臟功能的整合。

二、開發大腦不只是左半球與右半球某一半的開發，而應是左右兩半球整體功能的協調開發。應該指出的是，關於大腦的兩半球功能定位現象是在特殊情景下表現出來的。對於正常人來說，不應把左右腦分開來進行研究和開發，把這個觀點引入教育工作和教改實驗更應慎重。當前，有人對腦功能定位理論的理解有偏差，強調分工而忽視了協作，不恰當地強調「左腦或右腦開發」，有損於大腦的全面開發，原因有以下幾點：

1. 大腦兩半球的功能是平衡、協調發展的。左腦與右腦是互相配合的，若沒有左腦功能的開發，右腦功能也不可能得到充分的開發；同樣，若沒有右腦功能的充分開發，左腦功能也得不到很好開發。開發大腦是為了促使大腦兩半球的平衡、協調發展。

2. 在企業成人教育和培訓的實際工作中，存在著忽視右腦開發的傾向。但與此同時，也存在著左腦開發不夠和方

法不當的傾向。例如，忽視銷售人員對產品的邏輯思維能力，尤其是對客戶心理判斷的辯證邏輯思維能力的培養；又如，在新入行銷售人員的入職教育和產品培訓中，忽視具體形象思維向抽象邏輯思維的及時轉化；再如，許多企業組織培訓的人，並不瞭解銷售人員依靠直覺行動的思維、具體形象的思維和抽象邏輯的思維這3種思維成分的有機組合併螺旋上升的發展規律。簡單地宣講產品的技術特點並不能對實際的銷售業績有多大的促進作用。

3. 大腦的左右半球是作為一個整體來接收外界刺激的，無論是語言的刺激還是形象的刺激，它們並不只作用於某一個半球。對同一種刺激，左右兩半球都將會做出各自的反應。例如：文字符號的接收雖然主要是屬於左腦的功能，但語言的聲調和字形則是由右腦分管的。

還有資料表明，人們聽音樂並非只使用右腦，在欣賞歌詞時，就是用左腦的語言感覺功能去把握的（以上是按左右腦分工分析的，而實際上，對語言和音樂的反應需要人腦許多功能模組的共同作用）。

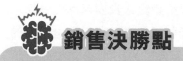

銷售決勝點

幾乎每個人的大腦都沒有太大的差異。因此，透過有系統的、按步驟的技術實施大腦開發的人，其競爭力會高於沒有受過如此訓練的人。我們只用了大腦不足1％的潛能。優秀的人大約會用到3％，卓越的人大約可以用到5％。有50％的學習能力是在4歲以前發展完成的，另外30％的能力則是在8歲以前完成的。隨著年齡的增長，人類右腦發展的速度明顯下降，左腦思考能力逐漸提高。機械地死記硬背在10歲前效率較高，理解記憶在成人以後更加有效。

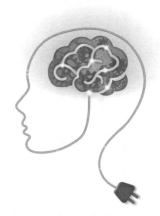

第 10 章
「全腦銷售博弈」
中的右腦能力——
洞察客戶心思的應用技巧

有一個較大的專案已經接近尾聲，客戶對供應商的服務、人員都比較滿意，於是供應商決定明確提出儘快結清尾款：

小劉：「徐總，這個項目我們做得不容易呀！」

徐總：「小劉，我知道，我理解，好說。」……

小劉：「徐總，你看這事我們到您家去談吧，我今天過來什麼都沒帶，您看明天晚上怎麼樣？」……

徐總：「別太早，平時忙，在家吃不了幾次飯，晚點吧。對了，你自己來？」

小劉：「我們吳主任明天上午出差回來，不知道他是不是一起過來，我就先和您約個時間，他是領導，我估計可能一起過來。」

徐總：「那好吧，就這樣。」

第二天，夜靜風涼，直到子夜 12 時，徐總都沒有回來。客戶到底在不在家？客戶為什麼失約？

根據資深銷售顧問「全腦銷售博弈」研究成果的法則，招聘銷售人員以衡量右腦水準為主。左腦水準可以透過密集的培訓來強化、提高，而右腦水準的提高耗時長久，得不償失。這個法則要求企業招聘銷售人員時掌握判斷右腦水準的方法，或者可以在較短的時間內判定一個人的右腦水準。雖然有了各式各樣的測試題目，測試分數也基本上可以鑒定一個人的右腦水準；但是，答題的行為本身就是一個學習和強化的過程，經歷過這個過程的人有可能得分較高，但是實際的右腦水準並不一定較高。所以，本章採擷了具體的案例詳細解讀右腦能力的5種表現形式，以及這些形式是如何應用在銷售過程中的。

判斷潛在客戶情緒的能力

情緒影響人們的喜好，銷售人員對潛在客戶情緒的判斷對初期建立恰當的客戶關係非常重要。下面是我們實錄的一個電話初訪的實例：

「張科長，您好，我是溫州瑞華汽車塑品有限公司的李泉，給您電話主要是想給您寄一份資料。我們主要生產汽車儀錶盤，福特轎車國內採購的儀錶盤就是我們生產的。您有興趣嗎？」

張科長：「我們去年就已經訂購了，這都什麼時候了，你們才來電話，今年不要了。」

此時，考驗李泉，也是考驗所有銷售人員右腦能力的時候到了。請判斷，張科長接這個電話時的情緒。有4個候選答案：

1　張科長對訂購儀錶盤的事情不是很滿意，但是，現在重新考慮已經晚了。潛臺詞是比較遺憾。

2　張科長對李泉沒有敵意，但眼前沒有精力和空閒談這個事情。潛臺詞是可以談。

3　張科長有些反感，肯定接到過類似的銷售電話，所以沒有什麼興趣了。潛臺詞是知難而退吧。

4　張科長沒有明確的傾向，聽之任之，你要堅持，就談，你要退卻，那就算了。潛臺詞是順水推舟，將計就計。

所謂右腦能力，是對事物有多種可能性判斷的心理準備。在與人溝通時，對方言談舉止暴露出來的蛛絲馬跡都可以透露其目前的心思。對陌生人情緒狀態的識別，尤其是這個陌生人就是你未來產品訂單的主要簽約人時，他的情緒可能比家裡親人的情緒還值得重視。右腦能力可強化對他人情緒狀態的判斷能力。

人有七情六欲，相對應的有七種情緒。《禮記・禮運》中曰：「七情：喜怒哀懼愛惡欲；六欲：生死耳目口鼻。」現代醫學研究認為，情緒和情感是我們身體的一種生物反應。研究者將「七情」中後兩個「厭惡」、「欲望」給排除了，歸納為5種情緒，分別是痛苦、憤怒、恐懼、快樂以及愛，並認為這5種情緒是和我們的身體直接相關的。前3種情緒通常被認為屬於「危

險」的情緒，它們意味著發生或即將發生危險；而後兩者則屬於「令人愉快」的情緒，快樂和愛告訴我們可以放鬆和享受，需要可以得到滿足。

以上泛泛而談的關於情緒的描述並不能在銷售過程中判斷、感知潛在客戶的情緒狀態，因此，「全腦銷售博弈」對此進行了專門的研究，並提出了銷售過程中潛在客戶的4種關鍵情緒對銷售進程的主要影響。我們將工作狀態中的人按照責任心強弱、工作能力強弱區分為4種工作狀態中的情緒，分別是將就、頑強、謹慎、依賴（見圖10-1）。

在充分理解了工作狀態的情緒以後，重新思考張科長的情緒狀態，李泉認為還沒有足夠的信息能判斷張科長目前的具體情緒。因此，他立刻轉移目標，這樣說：「張科長，其實是否簽

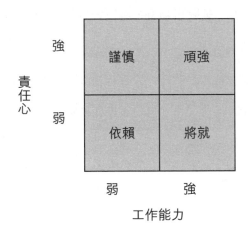

圖10-1 工作狀態中的情緒

單、是否訂貨都不重要，您是甲方，我是乙方，我們以前也沒有打過交道，我這樣貿然給您打電話已經很唐突了，還請您原諒。」稍停，等候對方的反應，張科長說：「沒有關係，都是做生意嘛，現在的確是不考慮這個事情了，年底你再聯繫我。」

到此是否可以判斷張科長的情緒狀態呢？信息非常清楚，首先，張科長在李泉的停頓中主動接上了話語，而且第一句話是「沒有關係」，屬於認同、承接性的話，完全說明張科長的工作狀態情緒是頑強型的。所謂頑強型，就是一切盡在掌控的感覺，有控制局面的意圖。比如他使用了命令句「年底你再聯繫我」。如果這句回話是「有需要我會給你打電話的」，那麼，這就是謹慎型的情緒狀態了。

在這個信息已經明確了的基礎上，李泉立刻跟進：「好的，年底我給您電話。不過不談採購的事情，有機會我得向您學習、請教呢，像我們這樣的儀錶盤加工企業，怎麼才能做大？不過也不能耽誤您的時間，周末您有空嗎？」

這個回答屬於迎合頑強型人的殺手態勢，就是讓步式邀約，轉移銷售的目的，強化對方長處的語言，讓對方感覺到受用，並有要給予指點一下的欲望，這是頑強型情緒下的典型衝動。後來他們約好了時間，見了面，李泉請教了加工企業發展的真經，張科長將儀錶盤的訂單要求、批量、目前進貨的價位等一一告知，第二年的訂單全部被溫州瑞華汽車塑品拿到。這是一個典型的右腦應用實例，而李泉所有的應對措施、巧妙的對話都是在瞬間組

織出來的，並不是如同我們上面一步一步分析的過程，這就是高強度的右腦實力體現。

判斷潛在客戶的情緒，並具備與目前的情緒相匹配的能力是右腦實力一個最主要的表現。在此項上水準較低者聽不出對方的話外之音，對方已經非常冷淡的時候還熱情洋溢；對方有心理準備想繼續談的時候，卻沒有準確地把握對方的情緒，反而主動提出3天后再給電話跟進。這些都是錯誤判斷情緒的表現。

判斷潛在客戶偏好的能力

除了對潛在客戶的情緒要給予一個瞬間的判斷外，右腦還可以具備感知對方動機的能力，或者也可以說是判斷對方準備採購某個產品前的偏好。做過銷售的人都知道，最不容易摸清的就是在一個大合約的洽談中，對方的關鍵人物到底是否要回扣。而對此對方常常不明確表示，因此，就需要不斷地收集各種各樣的信號。有時誤判了對方的信號，以為是索要回扣，於是給出，結果卻遭到對方拒絕；或者認為對方不會要回扣，所以總是不主動暗示，結果導致競爭對手獲得先機失去合約。

判斷對方的偏好不僅在是否索取回扣上，還表現在對方要貨的時間是否真的特別緊急，對方在意的合約條款是否真的那麼重要，對方最在意的設備元件的核心零件是否真的是原裝進口等等。中國文化博大精深，對「暗示」這個詞有相當深刻的現實演繹。

應用案例：

有一個較大的專案已經接近尾聲，客戶對供應商的服務、人

員都比較滿意，於是，供應商決定明確提出儘快結清尾款，並特別約定了一個時間，要求到客戶家中詳細談有關尾款結算的時間、方式等問題。對話發生在一個下午。

小劉：「徐總，這個案子我們做得不容易呀！」

徐總：「小劉，我知道，我理解，好說。」

小劉：「您看中間執行期間專案內容修改了多次，我們也沒有追加預算，還是做下來了。其實，修改的那些內容都增加了我們的成本，這個案子真是沒什麼利潤啦。」

徐總：「可是小劉，第三季要上一個更大的案子，你們做了這個案子，後面那個不就容易了。可是上面有話，還是要競標的。」

小劉：「徐總，我們先把這個案子都結清了，再談下一個，怎麼樣？」（沒等徐總說話，小劉話鋒一轉）

小劉：「徐總，您看這事我們到您家去談吧，我今天過來什麼都沒帶，您看明天晚上怎麼樣？」

徐總：「那就明天晚上吧，其實在這裡談也行，帶什麼東西呀，那麼見外。」

小劉：「那可不成，這個案子要是沒有您，怎麼會有今天順利驗收的結果呢，我們不能忘恩負義的，這個您放心。說定了，就明天晚上7點。」

徐總：「別太早，平時忙，在家吃不了幾次飯，晚點吧。對了，你自己來？」

小劉：「我們吳主任明天上午出差回來，不知道他是不是一起過來，我就先和您約個時間，他是領導，我估計可能一起過來。」

徐總：「那好吧，就這樣。」

第二天晚上約8點，小劉與吳主任來到徐總家門口。當然，他們沒有空手：進口茶，進口酒，還有豪華的月餅盒。要結算180萬元的尾款，有了徐總的首肯，其餘就好辦了。他們按響了徐總家的門鈴。讓他們失望的是，徐總的太太透過對講機告訴他們徐總不在家，而且她一個人不方便開門，請改日再來。小劉與吳主任陷入了進退兩難的局面。

明明徐總答應了的，為什麼卻不在家呢？是真的不在家嗎？吳主任似乎是自言自語。中秋前的夜晚並不涼爽，準確地說應該是寒冷的秋風讓人瑟瑟發抖，吳主任轉過身來對著小劉：「你說，我們是等還是不等呢？」小劉一臉茫然。

兩個人在徐總家門口等到深夜近12點，並在走之前再次按了一次門鈴，徐總的太太透過對講機告訴他們徐總還沒有回來，於是兩個人快快地離開了。

快速回顧前面的細節，並調用右腦檢索一下，思考幾個問題：

1　客戶是否知道小劉會帶東西來？
2　客戶是否會接受小劉的東西？
3　客戶是否知道小劉會帶什麼價值的東西？
4　客戶到底在不在家？
5　客戶到底為什麼失約？失約的關鍵核心在什麼地方？

答案你可以在本章中找到。在你對照答案的時候，請你先亮出你自己的答案並說明為什麼。

比喻能力，講故事能力

　　右腦能力不僅體現在快速判斷對方的情緒並給出恰當的回應上，同時也體現在準確把握對方的偏好並做出正確的行動上，而且還體現在組織語言，運用頭腦中的故事來達到右腦能力影響對方的作用上。

　　講故事，用生動的形式來陳述枯燥的產品技術是右腦實力的體現，比喻能力、聯想能力等都是右腦能力的表現。

應用案例：

　　在奧迪車行，銷售人員接待著已經第二次來展廳的3位客戶。這3位客戶特別認真，看得特別仔細，還專門提出要到維修車間去看一下。

　　銷售人員左秋萍落落大方地陪同客戶向維修車間走去。從展廳走到維修車間有3分鐘的路程，在這時間，左秋萍問了一個問題：「你們知道在重慶地區，車輛最怕什麼嗎？」3位客戶一愣，左秋萍接著說：「最怕鴿子。鴿子的糞中有一種特殊的生物酸，對車頂有腐蝕作用。這是我們的修車師傅告訴我的。」

　　「有一次，一個客戶來拿新車，剛拿到鑰匙準備進車的瞬間，車頂上一隻鴿子飛過。我們的李師傅看到鴿子在空中飛過的時候落下來了一灘鴿子糞，李師傅眼疾手快，在鴿子糞落到車頂之前用手接住了。我們都看見了，可是客戶卻沒有看見，伸出手來要與李師傅握手。李師傅一鞠躬，另一隻手做一個請的姿勢，客戶進了車，啟動，開走了。」

　　「後來，李師傅告訴我們，一定要告知客戶小心防範頭頂的

鴿子，如果沒有較好的停車位，最好是買一個車罩。所以，我知道在我們重慶，車輛最怕的不是地上的交通，而是空中的鴿子。」

此時，3個人抬頭看空中，果然看到附近的確有幾隻鴿子在飛翔。他們也注意到維修車間外面的幾輛車都蓋著車罩，似乎明白了什麼。他們停住了腳步，其中一人對左秋萍說：「我們不去車間看了，你給我們定3輛2.4的吧，都要車罩。」

講故事到底在傳遞什麼？我們在強調優質服務的時候有許多種常規的方法，無非是展示我們的設備、技術、態度等等，但是，所有這些展示都停留在形容詞上，都停留在描述上，是抽象的，是調動理性思維的，也就是主攻左腦的。而講故事傳遞的東西就太多了。人們對講故事這種形式並沒有特別的防範，因為講故事是右腦的事情，左腦不會有太多的防範。右腦在故事中感知銷售人員意圖傳遞的內容，從而感性地下了訂單。而且，這個故事會被深深地牢記在腦海中。這就是右腦銷售講故事能力的卓越表現。

應用案例：

大學畢業生應聘工作，當主考官詢問一些個性和品性的時候，最乏味的回答就是「我這個人特別誠實、品學兼優」「我有追求、有理想、有抱負、胸懷大志」什麼的。其實，講一個故事，將自己的優勢隱含到其中就行了。不同的人對故事的理解是不一樣的，而理解的內容一般都會遠遠超過講故事的人意圖傳達的內容。

答案：徐總最介意的不是收禮，而是送禮的人不能是兩個人。這就是偏好

一個大學畢業生在應聘簡歷的第一頁是這樣寫的：我還在上大三時，看到一本英語雜誌上的一個詞彙翻譯有問題。我特別喜歡這份雜誌，也很苛求這一微小的錯誤，所以給主編寫了一封信，提出我的看法，以及我認為正確的譯法。半個月後主編給我回了信，還贈送我一本小說。在百裡挑一的編輯招聘中，這個寫故事的學生得到了這份工作。

　　為什麼呢？招聘方從故事中讀到了什麼呢？

　　究其原因就是聽故事的人通常不用左腦分析故事，而是用右腦感知故事。右腦會自動豐富聽到的內容，並對講故事的人增加好感。這就是右腦銷售講故事實現的能力。我們在意銷售人員講故事的能力，並專門針對這種能力進行強化訓練，特別要求在給一任意主題後，準備5分鐘，就可以講出3分鐘的故事來。這就是3分鐘策略的表現之一。

　　在右腦能力表現中還有兩種能力也非常重要：一種是給予良好印象的能力；另一種就是示弱的能力，獲得同情的能力。這也是透過右腦來實現的。這兩種能力加上前面詳細闡述的3種能力，統一稱為全腦銷售中右腦應用的5種技巧。

右腦能力的典型問題應用案例

銷售對話：

　　銷售：「您好！我們是成都的聖象地板專賣店。聽說你們最近完工的物件是精裝修，肯定要用到地板，不知道是否有興趣嘗試我們的產品？」

客戶：「噢，聽說過聖象，不過，我們現在有地板供應商了，合作很久了。」（客戶有掛電話的意圖。）（立刻接上，一定不能猶豫，這個時候一定要話語流利）

銷售：「那倒是不錯！你們滿意這個供應商嗎？」（右腦能力，探知客戶的處境，抓住機會迎合一下。）

客戶：「還不錯！挺好的。」

銷售：「是什麼最令你們滿意？」（好奇地發問，右腦表現。）

客戶：「在安裝中有損壞的地板，他們都包退換的。」

銷售：「您一定最在乎安裝後的品質，而且，也要為企業節省成本，所以，損壞的地板肯定要免費更換。能否給我一個機會，看一下我們的地板？要知道，我們不僅免費更換，而且不用你們的工人安裝，都是我們專業的地板工程師親自負責每一塊地板的安裝。」（過渡到左腦，試圖邀約。）

客戶：「真的嗎？」

銷售：「要不，我們周三過來拜訪您？」

現象：

當你給潛在客戶打電話時，總會遇到這樣的答覆：「我們現在的供應商就不錯了。」這個答覆的真實含義應該是這樣的：「我有供應商了，現在不需要尋找其他的供應商，而且現在手邊還有許多事情等著去完成，哪有時間接待新的供應商呢。」所以，分析一下客戶答覆中所說的，「我們現在的供應商就不錯了」，這個意思可能是110％的不錯，也可能僅僅51％的不錯，甚至有可能不過是採購人員不願意改變現狀罷了。所以，絕大多數潛在客戶說「我們現在的供應商不錯」時，90％是不願意多費

時費事而已，並不是現在的供應商就真的不錯。

所以，理解了上述分析以後就知道，首要問題是確定該潛在客戶到底對現有供應商有多滿意。追究客戶的滿意原因，是一種獲得對方理解以及認同的右腦技巧，我們建議使用的策略是**滿意度核實策略**。一旦發現滿意程度的真實性以後，替代潛在客戶現有供應商的機會就來了。

當然，現實情況是殘酷的，讓潛在客戶放棄其現有的供應商是很難的。有效的策略就是轉移潛在客戶現有忠誠度的作用點。要知道，與潛在客戶建立關係是一個漫長的過程，這個過程要經常不斷地使用各種獲得一點進展的技巧。比如，**預備方案策略**就是一個獲得一點進展的技巧，留下樣品並給客戶開設特別通道，建立一個小的聯繫步驟來推動彼此間的信任（見下頁圖10-2）。也許，當競爭對手出問題時，這個客戶就轉向了你的公司，從而贏得長久的關係。

特別提示：

絕對不能說任何關於競爭對手的壞話，因為，這不是在批評你的競爭對手，而是在喚起客戶對他採購決策的辯護，你絕對沒有贏的可能。

長遠考慮：

對於以建立關係為目的的銷售人員來說，最常見的就是客戶是緩慢地轉移過來的。也許你可以觀察到客戶經過一個漫長的過

我們對現在的供應商很滿意

> **客戶**：我們對現在的供應商很滿意。

> **銷售**：那簡直太好了！現在的供應商在哪個方面最令您滿意？

> **客戶**：（快速回答）他們瞭解我的需求，可以為我節省時間，並且送貨也非常及時。

滿意度核實策略

> **銷售**：聽出來了，您非常在意時間。不過只需要 5 分鐘，您就可以瞭解我們的產品是如何更加節省您的寶貴時間，並大幅度提高您的工作效率的。

注意：使用滿意核實策略的主要目的，就是首先要瞭解你的潛在客戶到底在意什麼。尤其是當客戶說話速度較快、急促的時候，他通常說到的就是他最關心的要點。如果還有機會發問的話，另外的話就跟上了：「如果您可以換供應商的話，您會選擇什麼樣的供應商呢？」之後就有機會使用忠誠度轉移策略或者預備方案策略從競爭對手那裡挖掘客戶。

忠誠度轉移策略

> **客戶**：不會的，我們還是會用現在的供應商的！

> **銷售**：您的話讓我感受到您對產品的忠誠度。可是如果公司期望的忠誠度不是對產品，是對效率，或者是對效益呢？

> **客戶**：當然了，現在的供應商就不錯。

> **銷售**：是啊！真好。通過過去許多客戶的反應，我們的產品在效率和效益上的確已經領先於業內的其他產品了。不過 5 分鐘，我就可以展示出我說的話不是虛的。您也有多年經驗，一定可以看出到底哪個產品的效率高。5 分鐘可以得到一個最優的決策，這個成本並不高呀，您說呢？

預備方案策略

> **客戶**：我可只有 5 分鐘，給你一個機會！

> **銷售**：當然了！絕對不會耽誤您的時間，如果 5 分鐘以後，您還是決定採用現在的供應商，那麼我也還是會留下樣品，並為您的公司開設一個特快採購通路。一旦現在的供應商有了問題，我們就是您的預備方案，不是更加節省您以後遇到問題時的時間嗎？這樣，我周三過來，可以嗎？

圖 10-2「我們對現在的供應商很滿意」對話發展圖

程，最終還是更換了供應商。致勝法寶就是一旦潛在客戶對現有供應商不滿，他立刻想到的就是你。所以，給潛在客戶預留樣品以及預留特殊的關照通道都是給其留下深刻的印象——你的服務意識強過競爭對手。

不斷地給潛在客戶發送有效的資訊，讓他們記得你，可以隨時想到你。比如你的產品獲獎的消息，或者行業變動的消息等。總之是不斷創造機會來贏得潛在客戶的信任，一旦有新的商機，他會第一個想到你。

智慧啟發：

沒有變化，就沒有進步。不能改變頭腦的變化，就永遠不會取得任何進步。

專業典故：

向一鍋滾燙的水中投入一隻青蛙，結果是青蛙立刻反應，跳出滾燙的水。但是，將青蛙放入一鍋冷水中，並不斷給水加熱，青蛙卻沒有反應，也沒有跳出的動作，等到溫度足夠高了以後，青蛙已失去了跳躍的能力，因為青蛙沒有意識到環境的漸變，最終導致死亡。商業社會中也有許多類似的事情，一些人沒有意識到環境的變化，拒絕更新，從而導致企業失去了許多領先的優勢特質，最終失去了存活的機會。

在掌握了上述技巧以後，銷售人員完全可以從競爭對手的客戶中尋找機會。如果成功地讓一個客戶轉移到你這裡，看他們是否願意寫推薦信或者經驗體會介紹，這種協力廠商的證明對於

潛在客戶是非常有效的。從右腦慢慢引入就如同用冷水慢慢加熱來煮青蛙，客戶是沒有感覺的，所以，要學會掌握右腦的「慢慢煮」的能力。

通常，潛在客戶在更換供應商的過程中會有風險方面的擔憂，人們面對變化經常會過度擔憂。從供應商的角度來看，免除客戶的顧慮，可以透過以下辦法縮小他們可能面對的風險：免費試用、從小量開始、提供專家支援、提供品質擔保等。

 銷售決勝點

- 你是否經歷過換品牌的過程，尤其是對一個品牌忠誠很久之後還是換了？為什麼會換？透過自己換品牌得到的啟示是否可以用到自己的銷售過程中呢？右腦是如何滲透的呢？
- 自己的個人競爭優勢是什麼？有什麼專業特長？這些特長怎麼才能轉移到銷售過程中，並贏得潛在客戶的信服和信任？如何快速建立好感，並有效利用這個好感？
- 為了讓潛在客戶適應更換供應商，是否可以準備一些文字資料？比如品質保證書、協力廠商試用推薦函等；或

者讓潛在客戶從小額、簡單的採購開始，從而建立信任，消除對風險的擔憂。學會將左腦的技巧慢慢引入。

- 商業社會中，技術的更新往往是導致潛在客戶更換供應商的主要原因。如何在銷售的產品中增加技術方面的解釋和說法從而引發潛在客戶的興趣？

獲得潛在客戶的興趣是右腦能力的關鍵著力點。

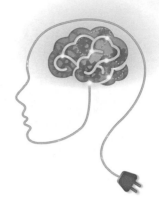

第 11 章

「全腦銷售博弈」
中的左腦能力——

如何快而有效地推動銷售進展

左腦能力是指有計劃地推動銷售過程不斷進展,最後成交。銷售人員在銷售過程中的計畫能力、有效的設計發問的能力,以及執行提問的溝通能力,有很大一部分來自左腦的邏輯思考和事先的精確準備。看似一句不經意的話,其實經過了深思熟慮,是按部就班的銷售流程中一個細小卻重要的環節。

　　　銷售進展是一個銷售術語，特指將銷售過程分解以後，從接觸客戶開始到最後完成簽約的過程。初級銷售人員將每一次與客戶的溝通目標都設定為簽約是不正確的。優勢銷售模式讓銷售人員學會逐步推進銷售過程，將最終目標分解為不同的階段目標。比如為客戶安排一次參與級別較高的產品展示會，或者為客戶創造試用條件等，哪怕是邀請客戶企業中較高級別的人物參加一次座談都是向簽約推進的銷售進展。獲得銷售進展的方法很多，但是基本上都需要通過銷售對話來實現。

案例實錄

　　我們先來看一個案例紀錄，這是一個銷售人員對自己初次銷售過程的自述。

　　通過層層選拔與面試，我如願已償進入了廈門北大之路生物工程有限公司。北大之路是北大未名集團下屬的子公司，負責研製、生產、銷售保健產品「再生人」。自工作以來，我一直在保健品圈子裡從事企劃，此次業務代表的職務對我來講卻是大姑娘上轎——頭一回。不過，出於對自己學習能力、思考能力的自信，我對自己能夠出色地開展銷售工作充滿了信心。

　　公司剛搬來南京，所有的業務百廢待興。然而，不知公司出

於什麼樣的原因考慮，我的第一項工作任務竟然被安排為大家公認的最難啃的硬骨頭——進蘇果超市（江蘇最大的連鎖超市）。開弓沒有回頭箭，我硬著頭皮接了下來。

拍胸脯表決心容易，真正要完成任務就不那麼簡單了。我開始對任務進行認真地分析。（優秀的左腦習慣，堅信任何事情都有可以遵循的邏輯規律和發展規律，找到規律可能要耽誤時間，但是會在關鍵的時刻得到回報。）

困難是顯而易見的——

1　蘇果超市這種大型連鎖的進貨條件十分苛刻，對於品項要求也十分嚴格。許多產品都被毫不留情地拒之門外，尤其是保健品，由於連年空前的信任危機，其銷售量已遠遠不能與鼎盛時期同日而語，許多經銷商對保健品已缺乏足夠的信心。

2　衛生部批准的「再生人」的功效為「免疫調節，延緩衰老」。而市場上有這兩項法定功效的產品已不下30種。其中就有強勁的對手腦白金（我的老東家，那時還處於發展時期），還有南京當地老品牌——老山蜂王漿凍乾粉。

3　產品價格太高。不僅零售價格高，12粒裝兩天服用量的產品價格高達64元，而且給經銷商的經銷價也高得離譜，12粒裝規格經銷價為46.4元，相當於批發價的83折。要知道，保健品普遍的經銷價在68折至75折之間，像「再生人」這樣的折扣點幾乎是不可能做的。

4　產品還是個新面孔。只在長沙、寧波幾個城市做過試銷，中央級的媒體完全沒有做過，在南京更是連面都沒露過。而蘇果這樣的大型連鎖對產品的品牌要求極其嚴

格，這無疑又給我們挺進蘇果帶來了更大的難度。

5　由於公司的原因，該產品是透過當地的總代理商操作。對於蘇果來說，其業務的80%以上都是和廠商直接交易的。透過代理商，就意味著少掉一部分的中間利潤。店大欺客，蘇果能輕易答應嗎？

6　知名學府製造的品牌已經被做爛了。前面已有北大䕫蓯蓉、北大富硒康、清華二號等等，都是打著高校的名號出來博取信任感。而這一招已經不靈了。這一點，蘇果能看不到嗎？（嚴肅、冷靜地分析市場現狀，以及面對的挑戰。）

7　時值春夏之季，正是保健品的淡季。出於提高貨架回轉率的考慮，許多經銷商都不願在這時進保健品的新品。尤其是蘇果，其貨架更是奇貨可居。這樣的情況，蘇果能願意進貨嗎？

困難雖多，但解決問題的辦法也不是沒有。經過仔細分析，我發現我們可以挖掘的優勢也不少：（左腦邏輯系統在發揮著作用，這樣的銷售人員前途遠大。）

1　產品可信度相對仍然較高。公司印製的畫冊和許多珍貴的照片，裡面是朱鎔基等前國家領導人參觀北大未名集團的照片。總公司董事長陳章良是北大最負盛名的年輕學者，29歲破格提升為副教授，35歲便成為北大最年輕的副校長，國家「863計畫」的科技帶頭人。

2　產品效果也是顯而易見的。經過試銷城市得到的資料，許多服用者的身體狀況的確有不同程度的改善。效果，

就是產品（特別是保健品）市場生命的長久保證。

3　我們的產品定位為「第三態」（介於病與非病、健康與疾病之間的狀態）亞健康保健品。老百姓對於「亞健康」已有一定程度的認識，意識到提高免疫力對於身體的重要性。這多少也省去了我們培育市場的大量財力和精力。

4　單獨透過溝通效果是有限的，接受別人的觀點，聽覺只有11％的效果，而視覺則可以達到83％。為了提高拜訪的溝通效率，我特地準備了一份精美的提案──《再生輝煌──蘇果超市經銷北大「再生人」建議書》。（全面的準備來源於邏輯思考、系統思考以及有次序的、按照事物發展規律來布局的一種左腦優勢。）

　　為了到時百問不倒，我事先將可能遇到的困難都準備好答案，演練了一遍。經過精心的準備和事前向採購部戴經理的預約，我信心十足地出發了。

　　「戴總，您好！我是北大之路生物工程有限公司的周發。對，就是香港明星周潤發去掉中間那個字。今天來是向您介紹北大最新的科研成果──保健品『再生人』。」同時我遞呈提案。

　　「喔，延緩衰老、抗衰老的產品，在南京，老百姓只認老山凍乾粉。你們對於這個對手有什麼打算呢？」

　　「我們認為，每一個階段都會有一兩個精彩的品牌。老山是用中國傳統的養生品蜂王漿製成的，顯效不快。時代在變，生物科技不斷發展，保健品也在推陳出新。中國保健品有一個特殊的跟風現象，1994年、1995年美國的腦白金（褪黑激素）風潮已

經在1999年、2000年的中國市場得到了證實。而如今在美國市場上，第三態保健品高居排行榜的榜首。近年來媒體對於「亞健康」的報導也非常多，醫療改革又使人們防患於未然的意識空前提高。相信不久的將來，第三態保健品將風行中國，而不是現在的頭痛醫頭、腳痛醫腳。」（有次序地展示保健品市場的發展階段，是關鍵的致勝要素，來自左腦的結晶。）

「第三態產品賣不動啊，海爾的采力也賣得不好。」

「海爾的采力沒賣好是有很多原因的：一來它是中藥成分，顯效不快。而我們的產品是根據國際潮流研製的高科技產品，一般18天一個服用周期就會有明顯的效果。二來采力是幾年前做市場的，幾年前人們對亞健康的瞭解還不太多，現在已經大不相同了。其實，現在市場上沒有強勢的第三態產品品牌，這不是不利而是有利，有一個很強的競爭對手反而不是件好事啊。戴總您沒瞧見，南京這個報業競爭特別激烈的城市，新辦的報紙都是早報，就是因為《揚子晚報》太強大了啊！」（比喻來自左腦的策劃，但真實意圖是影響聽者的右腦思維，獲得信任和建立專家形象。）

聽到我這個既本土化又形象的比喻，戴總笑了笑。（客戶果然為之所動，客戶原來左腦的思路已經被巧妙地、不知不覺地轉移到了右腦上。）

「不過，目前是保健品的淡季，我們原則上是不進新品的。」（老生常談，這個方法阻擋了多少試圖打進蘇果的廠家。）

「不進新品，我的理解是，不進不好賣的產品。您主要關心的是『再生人』是否好賣，是否能給您帶來效益。請允許我為您介紹一下其他城市的試銷情況。」（依然是推理和演繹的溝通方

式，將客戶的因果區分開，巧妙地改變其因，從而修正其果。來自左腦的結晶。）

「你們的廣告投入怎麼樣呢？」（更加虛的一個疑問，右腦的感性認識。）

「南京是江蘇這個經濟大省的省會，市場容量巨大，對周邊城市的影響也巨大。我們已做好了充分的準備，從最初的媒體調查、目標人群深入分析及推廣方案的最後確定，我們都經過了周密策劃（實際上我們根本沒做）。今年5月到年底，我們的廣告投放將達780萬。」我遞上準備好的南京市場廣告策劃綱要和媒體投放清單。（採用白紙黑字更加是左腦常用的銷售工具，有了銷售工具，即使是還沒有發生的事情，聽者也會認為發生的可能性比較大。）

「產品效果真的很好嗎？」

「這點戴總您儘管放心！這是我們最引以自豪的地方！『再生人』是北大副校長、『國家863計畫』帶頭人陳章良博士牽線，經過一群在歐美國家從事過抗衰老研究的留學博士們，長時間探索研製成功的。北大研製過幾個保健品，其他的都轉賣給了別的廠家，唯有這個產品留給了自己來推廣，就是因為這個產品是品質最優秀、效果最突出的。北大把這個產品留給自己，是希望能親自將這個產品推廣出去，把健康送給萬千百姓，從而完成北大健康強國的心願。據2萬多名首批服用者抽查資料顯示，服用9天左右，70%以上的人都會有比較明顯的效果，如睡眠香甜、腸道暢通等；服用18天左右，絕大多數人都能感覺到身體發生明顯變化，如不易疲勞、面色紅潤、精神充足等等。」（依靠數字技術來贏得客戶的深度信任。）

「是嗎？這麼好的產品，我建議你們拿一些過來給我們馬總吃一吃！」（多麼感性的客戶，已經喪失了理性意識，完全是感性的衝動了，右腦戰勝左腦。）

真的是意外驚喜！能得到這樣的回應就說明戴總已完全被我打動了。我忙不迭地答應下午就送過來。

「好吧！你找採購部的小黃談一下具體事宜吧！」成功了第一步！接下來的談判就駕輕就熟了。無非就是價格以及是否和廠家直接合作等，這都被有備而來的我一一解決。這塊公認的硬骨頭，我終於啃下來了！

雖然只是一個小小的進貨談判案例，可給我的印象是深刻的，從中總結的經驗也是豐富的：

1 要分析自己的優劣勢，弄清自己的弊端和長處在哪裡。（分析是左腦的特點。）

2 盡可能地想齊所有對方可能提到的問題，事先準備好答案，並多次演練，保證你可以兵來將擋，水來土掩，百問不倒。匆忙上陣一定出岔子。（做充分的準備是本案成功的一個關鍵要素。）

3 準備一份書面提案，將一些主要的賣點和優勢做成文字，多媒體的溝通效果會比單獨溝通好上8倍。同時，過了一段時間後（很可能就是幾個小時），大多數人都會忘記交談內容的80％，而這時，你的書面材料就成了你最好的宣傳員了。（銷售工具支援左腦銷售，白紙黑字、標準印刷的東西對農業文明的人有重要的影響力。）

4 準備一個特別的開場白。交談的前7秒就決定了你在別

人面前的基本印象。（同樣不能忽視初步的右腦認知。）
一個產品的成功需要過三關：產品關、策劃關、管理幹
部關（註：中國知名企業家史玉柱名言）。最終，「再
生人」還是倒在了第二關上。這個產品最終還是沒能做
起來。我也在短短的3個月後因為個人的原因離開了公
司。但這段銷售歷練卻讓我畢生受用。

這個案例中有3個關鍵點，都是體現「全腦銷售博弈」中左
腦實力的，分別是：

1　客戶左腦習慣的表現；

2　中國消費者採購習慣的分析；

3　銷售人員左腦實力的展現。

先來看第一條：客戶左腦習慣的表現。

關注客戶的問題，分別有：

——「喔，延緩衰老、抗衰老的產品，在南京，老百姓只
認老山凍乾粉。你們對於這個對手有什麼打算呢？」（正常的習
慣，用自己平時見到的現象向面前的銷售人員提問，說明平時並
沒有深入思考過這個問題，只不過是瞬間自心頭冒出來的，是一
個左腦的習慣性問題。

——「第三態產品賣不動啊，海爾的采力也賣得不好。」

（這更加是一個習慣性問題，客戶經常會就自己平時沒有考
慮過的問題來問銷售人員，如果銷售人員有準備，用左腦應對就
可以自如過關。）

——「不過，目前是保健品的淡季，我們原則上是不進新品

的。」（也是一種自然的理性思考，肯定平時就是這樣推掉其他供應商的。以往這個方法肯定有效，說明那些銷售人員沒有經過認真的準備，只是憑藉隨機應變來應對這樣的問題，所以，通常不會有什麼建樹。這是一個來自左腦總結後的習慣性問題。）

——「你們的廣告投入怎麼樣呢？」（這是一個中性問題。如果這時候他認真追究廣告投入的細節，那麼這就是一個左腦問題的引子；如果在銷售人員初步回答之後沒有繼續追究，那麼說明這就是一個右腦問題，是一種肯定要問但是屬於走形式的問題，銷售人員回答得好，就過去了，回答得不好，就可能被引導到細節上。）

——「產品效果真的很好嗎？」（感性問題。）

——「是嗎？這麼好的產品，我建議你們拿一些過來給我們馬總吃一吃！」（感性問題。）

——「好吧！你找採購部的小黃談一下具體事宜吧！」（決策性語言。）

絕大多數客戶在初次接觸一個陌生人的銷售初期都是採用左腦思考的。但是，一些左腦思考的結果卻是習慣性的，缺乏深究的刨根問底的左腦能力，也就是說邏輯追究能力不夠，因此，在談話中輕易地被有準備的銷售人員控制了話題。

第二條，中國消費者採購習慣的分析。

由於消費者也是在中國接受教育的，因此，其邏輯思考能力也受到了右腦發育延後的影響。所以，在詢問了一些習慣思維的問題後，就被有備而來的銷售人員高超的左腦實力控制了思路，從而跟隨著進入採購流程。這就是多數中國消費者的現狀，也就

是說，表面理性，實際感性，外在的缺乏深度的理性，內在的骨子裡的感性。如果在每次銷售前都有步驟、有計劃、有準備，那麼，多數的缺乏邏輯準備的客戶一般都會在遊戲中逐漸喪失採購優勢，從而被銷售人員控制了結果。

第三條，讓我們重溫前面的案例，從這個銷售人員的表現中尋找左腦能力的痕跡吧。具體請參考案例中括號的注解內容。

下面再提供一個案例，請讀者從以上3個方面來分析銷售人員的表現。

應用案例

事件：深圳夏關中學採購40台電視機

人物：夏關中學具體經辦採購的教務處副主任雷天義

康佳深圳地區的銷售主管段學君

創維彩電事業部主管教育單位的銷售經理高匯承

為了落實中小學資訊化教育發展方針，深圳夏關中學決定為學校每間教室配置一台29寸的電視機。市教育局已經為此撥出了財務專款，要採購什麼品牌的電視機由學校自己決定。夏關中學將這個任務交給了學校教務處，經辦採購的是教務處副主任雷天義。

校方從來沒有大批採購彩電的經驗，不過由於過去為資訊系統的建置採購過電腦，因此打算借用採購電腦的方式來採購電視機，特地為此制定了招標日期以及標的說明書等。

雷天義邀請廠家投標

雷天義撥通了康佳電視機銷售部的電話。

當聽筒裡傳來「喂，您好，這裡是康佳電視機銷售公司，您找哪位」之後，雷天義開始了此次電話溝通。

雷天義：「我這裡是深圳夏關中學，我們計畫採購一批電視機，為此準備了一個招標會，能否邀請你們來參加這次招標？」

段學君：「您好，我是康佳深圳地區的銷售主管段學君。學校計畫採購多少台電視機呢？」

雷天義：「這次批准的採購量是40台。」

段學君：「希望採購什麼型號的？多少寸的？是否要背投（背後投影）？還是要數位信號、類比信號的？」

雷天義：「這樣吧，我將招標邀請書給你，詳細的資料和要求都有了，你的傳真號碼是多少？」

段學君給了康佳的傳真號碼後，他們的對話結束了。段學君承諾在收到招標邀請書後會研究一下，再給予答覆。而雷天義此時決定多邀請一些彩電生產商來競標，於是他撥通了創維集團彩電銷售部的電話。

高匯承：「喂，您好，我是創維彩電事業部銷售經理高匯承，您有什麼需要？」

雷天義：「你好，我是深圳夏關中學教務處，我們計畫採購40台電視機，想邀請你們來參加一個招標會。」

高匯承：「好啊，您希望我們如何參加？先交一個標書嗎？」

雷天義：「我這裡有一個招標邀請書，我傳給你，如果能參加，我們就在招標會上再詳談，可以嗎？」

高匯承：「沒有問題，學校是第一次辦招標活動嗎？」

雷天義：「去年採購電腦的時候辦過一次，這次辦招標還希望你們多支持。」

高匯承：「您是教務處主任？您貴姓？」

雷天義：「我姓雷，是副主任，這次校方讓我來經辦這件事，你還要多支持。」

高匯承：「雷主任，這次招標就是為了各個教室配置電視機吧？應該是市教育局最近落實資訊化教育到教室的專案吧？」

雷天義：「對，你怎麼這麼瞭解？」

高匯承：「深圳實驗中學、福田中學、上步中學的採購都已經完成了。他們都是在落實這個專案的，而且也已經通過了教育局的驗收。」

雷天義：「是的是的，你還真是瞭解情況。前一段時間，我們耽誤了，現在看來時間是有一點緊了。」

高匯承：「雷主任，如果辦招標，就要涉及到招標委員會，還要請一些專家參加委員會，最後再評標。收到大量的投標書，花費時間先不說，最後要評定真正符合學校要求、教育局又滿意的也不容易。我是建議您，我們安排個時間先見面詳細談一下如何？」

雷天義：「那當然好，您貴姓？」

高匯承：「我姓高，高尚的高，我是創維彩電事業部主管教育單位的銷售經理，現在深圳幾個中學實施的電化教育的專案都

是我在參與的。」

雷天義：「好，我下午都在學校，你過來。」

高匯承：「我們下午見。」

　　對話結束後，雷天義沒有再給任何一個彩電生產商打電話，他有了猶豫。高匯承說得對，深圳一些學校電化教育項目已經都結束了，而且市教育局也已經給出了肯定的評價，也邀請過校長去參觀。本來就晚了，如果透過招標形式，不僅麻煩多，而且時間上也不能保證，何況既然其他學校都已經採購了，能不能借鑒一下呢？雷天義想等創維的高匯承談完以後再決定下一步的行動。

　　對話解析：透過第一個回合，創維的銷售人員已經領先於康佳的銷售人員了。不過康佳的銷售人員也沒有做錯什麼，他只是按部就班地落實一個招標流程而已。但是，創維的銷售人員在開始招標前，就已經獲得了見面的機會。透過詢問客戶是否有招標經驗，就瞭解到客戶對招標運作並不成熟，因此，如果可以在正式招標前影響校方，那麼整個招標過程就獲得了主動權，還可以影響校方最後的採購決策。創維的高匯承是有創新意識的銷售人員，不願意墨守成規，他知道，對於潛在客戶的任何線索，越早見到客戶、越早清楚客戶的具體要求和採購決策框架越好。基於這個出發點，他才會在電話中，透過有效的、有設計的詢問次序來進一步要求見面，從而領先於所有潛在的競爭對手。雖然他沒有想到，他的約見已經導致客戶臨時中斷了對其他彩電生產商投標的邀請，但是他知道，只要符合大客戶銷售的基本原則，領先對手是意料之中的事情。

高匯承拜訪雷天義

當高匯承走進學校教務處的時候，比約定的兩點早到了10分鐘，他想雷天義在快到約定時間時肯定會看錶的，應該在客戶看錶之前到達客戶的辦公地點，從心理滿足上先贏得客戶。

高匯承輕敲了一下虛掩的門，聽到裡面「請進」的聲音後，他走進了辦公室。

高匯承：「您好！教務處的雷主任約見的是兩點，我早了10分鐘，不知道您是？」

雷天義抬頭看了一下錶，的確是1：50。如同高匯承所料，他也的確在高匯承走進來之前，沒有意識到約見的時間就要到了，不過，早來一點對他來說也是情願的事情，畢竟批量採購電視機的事情自己缺乏經驗，不如多向這個有經驗的銷售人員學習一些。

雷天義：「我就是，你來得正合適，你先坐，我泡杯茶。」
高匯承：「您別客氣，我自己來吧。」（當兩個人落坐沙發後，高匯承拿出了自己的名片）

高匯承：「這是我的名片。雷主任在教務處還有兼課嗎？」

雷天義：「學校人手這麼緊，怎麼不兼課呢，不過今年不帶畢業班就輕鬆多了。」

高匯承：「主任教什麼課程呢？」

雷天義：「數學。高一兩個班的數學。」

高匯承：「哦，我中學時最喜歡數學，可是沒有學好，所以，我最崇拜數學老師。」（如果雷天義教的是語文，也許高匯

承就要說自己中學時作文不好，然後崇拜語文老師的話了。）

雷天義：「是嗎？你大學學的什麼呢？」

高匯承：「就是數學學得不好，所以，沒有考上一流大學，學的也不是什麼熱門專業。我上的是華南師範大學，學的是地理專業。雷主任一定是數學系畢業的吧？」

雷天義：「北京師範大學數學系的。沒想到我們還是同行呢。」

高匯承：「是啊，我知道學校辛苦，所以就進了企業。還好，企業發揮了我的特長，因為我瞭解教育局，所以就委派我做學校的業務。實驗中學、上步中學等幾所學校電化教育專案的電視機配置都是我們創維的，也都是我經辦的。不知道主任對這兩所學校熟悉嗎？」

雷天義：「還是比較熟悉的，不過，它們通過驗收以後，還沒有時間去參觀呢。」

高匯承：「您今天下午有課嗎？」

雷天義：「今天下午沒課，主要就是把這次採購的事情辦好，就算是一件大事了。」

高匯承：「您看我這樣安排行不行？我們一起到實驗中學走一趟，然後去福田中學，如果有時間的話，再去上步中學。先看看他們的使用情況，然後再看一下我們學校有哪些特殊的要求，如何儘快落實型號、尺寸、安裝時間，以及需要連接的相關設備的事情。」

雷天義：「好是好，不過，這樣就過去，他們有人嗎？」

高匯承：「您不用擔心，來這裡的時候，我給他們打了電話，約好了。這樣，我們這就走？」

對話解析：拜訪客戶前就設想好了有效的銷售步驟，透過非銷售溝通引入相關話題，並透過詢問「您今天下午有課嗎」，自然地引導到對成功客戶的拜訪。在已經領先的基礎上，再一次推進自己的銷售進展。

參觀樣板客戶

兩個人參觀了兩所高匯承的客戶學校，雷天義充分瞭解了這兩所學校採用的型號、機型，以及安裝過程中許多需要注意的事項。由於時間的原因，他們沒有訪問第三家，畢竟透過兩家的參觀，雷天義對採購不安的情緒得到了相當的緩解。回到學校，再次落坐教務處辦公室的時候，他們開始了最後至關重要的對話。事後，高匯承回憶道：「其實，我當時也沒有想到一天就能將單子拿下，而且，客戶居然取消了招標。」

雷天義：「小高呀，看樣子，你跟本市的不少中學都很熟呀。」

高匯承：「主任，我可是一心一意做教育局的業務呀。因為我也是教師出身嘛，理解學校的困難，也理解學校的一些想法。您看，當初實驗中學在決定電視機尺寸的時候就在34寸、48寸之間猶豫，我們學校現在的教室中有安裝了電視機的嗎？」

雷天義：「真是，一台都沒有，學校現有的兩台都在電腦室。」

高匯承：「學校的教室都差不多大小，但是，班級中學生的人數有的多有的少，而且學生的視力也都不一樣，所以，當然期望可以採購尺寸大一點的彩電。可是太大了，價格又太高，教育局哪有那麼多的預算，因此，後來實驗中學定的就是34寸。我們將安裝的位置下降了一些，沒有安裝在很高的教室角落而是安

裝在中等高度，這樣，學生一起觀看就不顯得很小了。另外，不知道學生家長是否知道這次學校的電化教育措施呢？」

雷天義：「當然知道了，學校當作大事來宣傳的，許多家長還挺關心這次的結果呢。」

高匯承：「學生發育期間，視力問題要特別重視，不知道主任瞭解我們創維高清在健康方面的口碑嗎？」

雷天義：「的確有所耳聞。剛才實驗中學的教務處主任不是還提到了你們創維的健康成果嗎。」

高匯承：「對，這才是為什麼深圳教育系統集團採購的電視機都採用創維的真正原因。因為，家長們非常在意自己的孩子在學校裡看的電視機。有一個測試資料不知道主任是否聽說過，連續看電視4個小時以後，視力臨時下降80％，但是，看創維的高清電視，4個小時以後大約下降20％。國家國民視力標準健康委員會的結論是：超過50％的視力臨時下降非常容易導致視力的持久衰退，並最終形成近視眼，影響孩子未來發展的職業選擇。你們學校做過學生視力水準普查嗎？」

雷天義：「兩年前，局裡要求的時候做過一次，後來就再沒有做過了。」

高匯承：「主任，我看這樣吧，我們先做一次視力水準普查，然後根據普查結果我們給出一份分析報告。根據報告再制定採購的細節，您看呢？」（沒有等主任回答，高匯承接著說）

高匯承：「對了，電化教育的終端顯示裝置還需要確定一下，會有多少種不同型號的設備要嵌入到電視機中，主要是數位信號呢？還是類比信號比較多？或者，嵌入的設備現在還不確定？」

雷天義：「目前來看，既要可以嵌入類比信號，收看一些教

育台的節目，也要有數位信號，因為，局域網中還需要顯示一些課件（可在電腦上展現的文字、聲音、圖像、視頻等素材的集合），這些課件很多都是電腦上應用的，最好電視機也可以顯示。」

高匯承：「所以，電視機不僅需要保護視力，還需要支援多種介面，最好為以後發展預留一下介面就更好。主任，我看這樣吧，我安排下周的視力普查，然後給您一個具體的設備採用建議方案，然後再看您想怎麼組建招標會，我幫您邀請一些行業內的專家，形成招標委員會，如何？」

雷天義：「小高，你明天就給我一份建議書。我請示一下校長，既然你們都做了那麼多學校了，而且現在我們學校的時間也不多了，招標就算了，不過還是等校長定奪。你的方案最好將視力評估、介面的相容情況等都寫進去，如果校長沒有什麼意見，我這裡基本就確定了，不過，價格上你可要讓我過得去。」

高匯承：「要是這樣最好。價格上，主任，今天你都看到了，實驗中學、上步中學用的設備以及規模，都比您這裡大，如果價格比它們低的話，一是我們這邊申請的手續複雜，二是讓圈子內的客戶知道了，我還怎麼做事呀。再說，價格都是實在的，肯定不會讓您花冤枉錢的。我們給他們的學生做視力測評的時候都收費了，因為請的是國家級水準的專家來的。您看，我明天都寫到建議書中，順便再做一份合約如何？」

雷天義：「視力測評要多少錢？你也不是不知道，我們這次40台的預算就這麼多，你把視力測評寫到合約中，我看這個費用嘛，就免了吧。」

高匯承：「那，這樣，我們明天再談，這裡是去年給實驗中

學做的建議書底稿，您先給校長看，我們明天落實合約，您看如何？」

雷天義：「那太好了，如果今天晚上校長沒有什麼意見，明天我們就定了，下周可以開始安裝了，對吧？」

創維的銷售經理高匯承如願拿到了這個學校的訂單，雷天義將康佳投標的事情推掉了。康佳肯定認為這是一個流產的採購，甚至都沒有採購，他並不知道有銷售高手阻斷了客戶招標，並快速拿下了客戶的訂單。

對話分析：銷售人員高匯承每次在試圖介紹自己產品或者公司優勢的時候，不是直接主動陳述出來的，也不是試圖讓客戶對自己有一個好的印象，而是透過設計提問，引發客戶足夠的興趣，當客戶希望瞭解到答案時，他才做出介紹。作為第三者，聽到他們的對話，似乎高匯承的所有有關創維優勢的介紹都像是客戶希望瞭解的一樣，而不是像以往多數銷售人員在介紹自己的企業、自己的產品的時候，簡單地陳述企業產品說明書上的內容。

在介紹創維健康電視的優勢時，他連續鋪陳了三個問題：「不知道學生家長是否知道這次學校的電化教育措施呢？」「不知道主任瞭解我們創維高清在健康方面的口碑嗎？」「你們學校做過學生視力水準普查嗎？」在介紹創維電視機介面相容的優勢時，他也鋪陳了「嵌入的設備現在還不確定」這樣的問題。其中，導致客戶取消招標計畫的關鍵話語，居然也是透過問話來實現的：「然後再看您想怎麼組建招標會，我幫您邀請一些行業內的專家，形成招標委員會，如何？」

銷售決勝點

高效率的銷售提問可以確立銷售人員的權威和顧問形象。
透過對大量的實踐結果研究顯示，對一個善於提問的人的
印象是：專家、顧問、權威。因為，絕大多數人在聽到問
題的時候，會認為提問的人一定知道問題的答案，而且通
常會從正向的方向來評價提問人的問題。這就是銷售中強
調發問的核心依據，也是我們在培訓銷售人員時不斷反覆
要求他們必須掌握的銷售溝通中的關鍵技巧。

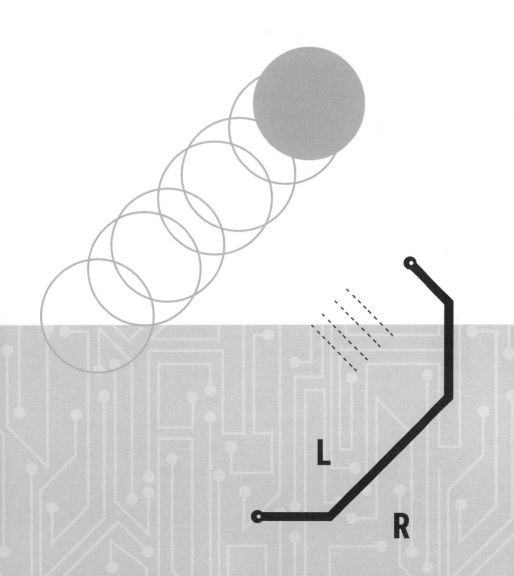

Part. 3

大客戶銷售中的全腦運用

L

R

第12章

七大銷售技能
大爆發

左腦計畫＋右腦銷售 vs. 左腦決策＋右腦感覺

大客戶是左腦決策，右腦感知。左腦決策就是所有嚴肅的採購合約
肯定是左腦思考的結果，絕不是右腦可以完成的。沒有一個企業的
採購人員會說：「我覺得他們不錯，就選擇他們作為供應商。」既
然如此，大客戶為什麼還要用右腦感知呢？感知什麼呢？

多數人無法區別這兩個等式的不同：

$$6+2=8$$
$$8=6+2$$

　　作為銷售行為的研究者，我關心銷售人員如何看待這兩個等式，它們之間有什麼不同。其實，最大的不同就是，「$6+2=?$」只有一個標準的、正確的答案，而「$8=?$」的答案則不止一個。這與銷售人員有什麼關係？關係大啦！面對每一個潛在客戶，他們都應該是「$8=?$」的心態，而不應該是「$6+2=?$」的心態。前者是右腦的感知，後者是左腦的邏輯思維。後者的心態是終止型的。當得出結果8時，人們的思維就停止了；但是，從8出發開始的思維卻是多樣的、創新的，是銷售人員最需要的一種探求潛在客戶各種可能性的心態。銷售人員不能被無形的思維模式限制了自己尋求創新銷售模式的思考。

與大客戶博弈的4種能力

　　這就是兩個等式重要的區別。在針對大客戶的高級銷售培訓中，這兩個等式是專案組常用的一個測試，測試的結果不重要，重要的是通過訓練來提升銷售人員的右腦能力。在大客戶銷

售中，「全腦銷售博弈」技能的針對性表現在銷售人員的4種能力，通常它們也是銷售人員最缺乏的：

1　對大客戶關係複雜程度的認識能力；

2　對大客戶處境的認識能力；

3　銷售人員左腦實力發揮的能力；

4　銷售人員右腦實力發揮的能力。

對大客戶關係複雜程度的認識能力有

A　動機問題：

大客戶在採購時表現出組織動機，但是組織動機受個人動機的驅動。動機不同會影響銷售人員的銷售行動。

組織動機是每一個客戶都要考慮的，也都是會表示的。比如，這次採購要達到削減成本、提高運營效率的目的；或者要達到提高原材料品質的目的，從而提高產品在市場上的競爭力的目的；又或者要達到替代以往產品的目的，從而提高產品的技術含量等等。所有這些都是客戶採購人員總是會說的組織動機。但是，採購是由具體的人實現的。儘管大客戶採購參與的人會很多，但是，每一個人都會有一個難以逃脫的動機，那就是個人動機。個人動機不一定都是陰暗的、負面的，當然，如果是索要回扣、索要好處，那就是與組織動機相違背的個人動機了。

隨著非公有制經濟所占比例的提高，採購中的腐敗問題逐漸會削減。學習掌握「全腦銷售博弈」的一個重要目的，就是要學會有效識別有效的、與組織動機一致的個人動機。比如，銀行資訊部張主任的個人動機就是與組織動機一致的。張主任希望在採

購主機前，能夠獲得操作這些主機設備的知識，從而獲得一個認證的證書，這樣有利於採購主機後更加有效地管理和操控主機。這是正當的動機，是符合組織要求的動機。但是，實現的最終利益同樣作用在個人身上，以後張主任在銀行大型機領域內就多了一個金牌，相對來說跳槽、提高待遇等目的就容易實現了，而這又是典型的個人目的。所以，動機問題是在接觸大客戶前必須透過邏輯思考、系統分析研究的。一些跨國企業的優秀銷售人員，總是會定期回顧客戶情報，尤其是對大客戶中的關鍵採購人物進行動機的系統分析。

B 決策影響：

大客戶採購不是一人決策，而是多人決策，是客戶方內部多個因素、多種力量綜合的結果。一個銷售人員操控如此複雜的多個力量，需要有「全腦銷售博弈」的能力。

對影響決策的多種因素之間的制約和牽制進行分析，是一個左腦過程，有利於在接觸客戶以前就充分瞭解客戶組織中什麼人做什麼樣的決策。一般來說，大客戶採購包括6個角色：發起人、資訊門衛、決策影響者、決策人、採購人、專家。在此基礎上，應該還會有客戶組織中的4個關鍵角色，分別是營銷人員、銷售人員、具體產品或者設備的使用者，最後還有一個就是客戶，即客戶的客戶。最重要的是，在你客戶的心目中，你的位置絕對不是排在第一位的：第一是他的客戶，第二是他的競爭對手，第三是他的個人發展。你，不過是他實現所有這些重要次序的一個工具。你可以在客戶心目中建立起對你這個工具重要性的識別，這就是你面對的挑戰。

由此可見，大客戶組織中的角色識別是一個重要模組，透過對以上 10 個角色的識別來提高對大客戶組織複雜性的認識，並掌握有效利用這些相關關係的訣竅。對 10 個角色有效排序，是高級銷售顧問左腦思考面對的一個挑戰：到底誰是第一重要的；在與客戶建立關係的過程中，何時、何人是最重要的，為什麼，如何協調相關的關係；什麼才是關係的可靠度測量。

C　決策周期：

大客戶從有採購意向到真正落實採購的過程是漫長的，這期間，銷售人員右腦的水準非常重要。其中，人與人之間的關係從初步認識，到熟悉、信任、信賴，再到將一份大額採購合約交給銷售人員。不同階段彼此之間的關係經歷著考驗、刺激、激化、緩和、平穩等不同的態勢，有時波瀾壯闊，有時溫柔寧靜。右腦從事的多數是文學藝術活動，建立形象認知，建立模糊感覺，在紛亂複雜的現象中迅速判斷出關鍵因素，並付諸相應的行動。這是一種本能行為，這種本能行為是可以訓練出來的，這也是為什麼我們經常要求銷售人員提高文學修養的原因。這種本能有利於在左腦分析沒有準備的情況下，透過右腦的反應來適應客戶的要求和挑戰，從而有效應對決策周期較長的大客戶銷售。

有效建立初期的客戶關係，尤其是大客戶關係，首先基於對大客戶的系統認識，這是一種邏輯認知。這也是跨國公司對自己一線的高級銷售顧問進行周密的培訓，反覆不斷的培訓，而培訓主題一而再再而三的都是客戶需求分析、客戶動向分析、客戶近期問題的原因所在。

對大客戶處境的認識能力

A　採購額比較大：

　　所謂大客戶，通常是指採購額相當大的客戶。我曾經在2005年《銷售與市場》行銷版第二期雜誌上推薦過一本書，叫《影響力》。有讀者回饋說：「我就是讀了這本書取得成功的，一個300萬元的訂單就是採用其中的策略獲得的。」推薦《影響力》給高級銷售顧問的目的，就是充分理解大客戶的採購壓力，並有效實施右腦實力。《影響力》中介紹的打天下的6條規則都是右腦實力的體現（具體內容參見第2章）。

B　對組織的影響比較大：

　　由於採購額比較大，因此，採購的成功與否將對客戶的商業運營產生很大影響。採購不成功，會直接影響客戶的業務；採購成功，則會提升客戶的業務。在影響較大的前提下，任何採購都是不簡單的事情，都是經過重重考慮、反反覆覆才最後簽約的。

　　客戶在缺乏有效的理性判斷時是憑藉感覺的，漫長的採購過程中客戶總是在理性與感性中搖擺，因此「全腦銷售博弈」才顯得異常重要。你一定能在自己周圍發現這樣的例子，有的銷售人員對自己的產品、企業都非常熟悉和瞭解，但是，就是無法簽約。這樣的銷售人員就是典型的左腦主導型，忽視右腦發展，尤其忽視對客戶的右腦感覺有針對性地施加特定的影響。

C　採購目的不容易衡量：

　　大客戶採購目的是不容易衡量的（客觀因素以及人為因素）。目的可能很多：比如對方有可能為了節省原材料而重新尋

找供應商;也有可能為了提高自己產品在市場上的競爭力而尋找新的供應商;也有可能是內部資源整合;甚至也有可能是以前的採購人員離職了,新的採購人員或者新的領導不想用以前用過的供應商。在不清楚這些背景的情況下,要成功完成銷售的確不容易。

於是,要求高級銷售顧問具備對情景的判斷能力,從言談舉止中迅速判斷對方沒有講出來的話外話。那些沒有說出來的話可能就揭示著重要的採購線索,而不要僅僅聽對方要提高自己企業運營效率之類的冠冕堂皇的組織動機詞語。其實,這也是一個訓練課程,就是高級銷售顧問的情境銷售實力。

第8章中有關銷售角色演練的內容,就是情境銷售實力的訓練形式之一。

大客戶是左腦決策,右腦感知。左腦決策的意思,是所有嚴肅的採購合約肯定是左腦思考的結果,絕不是右腦可以完成的。沒有一個企業的採購人員在回答領導的提問時會這樣說:「我覺得他們不錯,所以就選擇他們作為供應商了。」但是,類似的回答在快銷品中卻屢見不鮮。這也是工業品銷售過程中依靠廣告效應難以奏效的原因之一。既然如此,客戶為什麼還要用右腦感知呢?感知什麼呢?其實他們是要建立一個印象,這個印象包括信任、認同、相知。形成這些印象需要如下行為、內容和步驟:

• 信任首先是對人的一種感覺,這種感覺包括說話算話,承諾了的事情即使對自己不利,最後還是要兌現。如果沒有經歷任何事情,這樣的信任是建立不起來的。所以,信任首先是一種感覺。比如對同事承諾一些小事沒有問題:「這就是上次我答應給

你找的文章的原文。」這句話就是在確認一個感覺，可靠的感覺。

● 認同建立在同好上，同好包括觀點的類似，經歷的類似，或者共同經歷一些事情。「在宣布中國成功贏得 2008 年奧運會舉辦權的那個夜晚，你也開車到長安街上了？」這就是一種認同。認同還可以建立在對流行事物的認識（或者不流行的事物）上。選擇流行事物是容易建立共同話題，容易開始議論。比如，「SHE 的歌你也喜歡？那個組合真的是不錯。不過她們也翻唱一些國外的歌曲。那首 Super Star 就是翻唱德國糖果盒樂隊（Sweet BOX）的歌。Super Star 的原名其實是 China Girl，20 世紀 90 年代就在歐美流行了。它的旋律取自柴可夫斯基《天鵝湖》中的旋律，德國音樂製作人 Geo 將其節奏加快，然後填上流行、時尚的詞，就流行開來了。你不知道吧，SHE 的幕後老闆就是 Geo，他又將歌詞中文化，找這 3 個女孩來全新演繹。真是流行自有道理呀」！這番話獲得對 SHE 癡迷的人的認同是自然和肯定的。毫無疑問，你獲得的是對方的敬仰和崇拜。要知道，有幾個哼唱 Super Star 的人知道這麼細緻的背景知識啊。建立一個人對別人的認同並不難，這就是右腦作用。

● 相知是一種推測，就是對另外一個人在某個具體情形下會如何行動的推測。如果推測與實際結果相同，那麼兩個人之間具備一種相知能力。銷售人員如果有機會建立與客戶主要人物之間的相知關係那是非常厲害的。曾經有人說過一句話：不怕領導有原則，就怕領導沒愛好。這是什麼意思？就是要攻克對方的罩門，其實就是找到對方的愛好。透過興趣愛好來建立一種相知，是人際關係中的高手所為。

理解對方的處境，從而調整自己的銷售行為需要的是右腦能力。

銷售人員左腦實力發揮的能力

A　對大客戶的所有問題都透徹瞭解（行業知識）

對大客戶所有問題的透徹瞭解是一種左腦實力的培訓。其實，訓練一個卓越的高級銷售顧問，尤其是訓練其左腦實力並不難。現實中，每個企業都投入了大量成本來訓練銷售人員的左腦部分，比如提供大量市場案例、邏輯分析和產品知識。而絕大多數中國人在12年的基礎教育和4年的高等教育中，培養的也都是左腦實力。所以，建議企業在按部就班地實施左腦培訓時，要有針對性地制定右腦培訓方案。

B　對自己代表的企業有絕對的信心和自信

為什麼微軟、IBM、卡特匹拉、賓士、戴爾等企業對銷售人員入門的要求非常高？就是有關銷售人員的打造問題。銷售人員要樹立一種充分的自信和自豪（包括對自己過去成就的驕傲），對客戶的提問要做到百問不倒。百問不倒訓練的是銷售人員的一種左腦實力，比如當客戶問：「你這款筆記型電腦的CPU是Centrino技術嗎？」銷售人員回答：「您的這個問題真的相當專業，您肯定對這款筆記型電腦的CPU有一定的瞭解。其實，Centrino也不過是CPU的一個技術而已。有關CPU，還需要考慮其運行溫度、散熱技術、浮點運算技術以及二級存儲容量等等。有的時候還要考慮其運行程式較多的時候的不同溫度。CPU

的材料雖然都是由矽片結晶製成的，但是全世界合格的矽片只有3個地方可以提供。我們的CPU肯定是Centrino技術的。但是，其他有關的技術也都挺重要的。當實在無法都有效瞭解到的時候，相信品牌和實力就是最容易的選擇了，您說呢？」這是一個典型的從客戶左腦開始逐漸推向其右腦的語言。非常成功。這需要一種硬底子的基本功，那就是百問不倒。

C 對自己產品解決客戶問題的透徹認識

注意，不僅是對產品、技術、特徵等有所瞭解，還要對這個產品能解決客戶什麼問題有透徹瞭解。在溝通中表現出一種深不可測的底蘊。

深不可測，也是從左腦開始逐漸引導客戶的思考向右腦轉換，並成功影響客戶的一個實力。注意，深不可測往往從客戶的問題開始，甚至深入到客戶自己都沒有完全意識到的問題。一個非常成功的銷售人員是這樣對滿腹疑慮的客戶說的：「其實，選擇一款這麼昂貴的鋼琴真得要慎重。以往一些客戶在採購鋼琴時比較在意品牌，其實，在鋼琴的使用過程中，重要的是鋼琴周圍的環境，比如空氣中的潮濕程度，孩子在練習鋼琴時手指與鍵盤接觸時的感覺。並且鋼琴外型用的材質對音色傳遞的影響也會促進孩子對音律的感知，進而影響孩子對音符的把握，從而形成相當精準的聽音能力。而這些都不一定是進口品牌好。」他這樣說完後，客戶信服地點頭。採購後一個月，我們有機會訪問這位客戶，問到一些術語，比如音符、音律、音色、質地等，他的回答是含糊的。但是，他說銷售人員相當專業，他懂得非常多。不僅如此，他還推薦他的朋友到這位銷售人員那裡去購買，甚至要求

銷售人員一定要介紹一個好的鋼琴教師給他。深不可測的效果就是讓客戶五體投地地信服，因為信任而全權委託其他相關的事情。這其實是基於左腦的大量準備、大量演練達到的效果。

銷售人員右腦實力發揮的能力

A　人際關係：從說話開始，與高手溝通，熟練運用座標能力

所謂座標能力，特指在地圖上尋找一個位址，找到該位址後，需要找到其他自己熟悉或者已知的地方作為參照來確定新位址的路徑。與人溝通也需要找到一個參照系，像客套話等都是溝通中用於尋找參照系的過程，不僅自己建立有效的參照系，也在客戶右腦中牢固地建立一個可靠的參照系。比如，「原來我們是老鄉啊，張哥，這麼說來還請您多多指導幫忙小弟一些。」「您也是復旦大學畢業的，真巧了，我們是校友呢。在這兒見到校友，真讓人感到親切啊。學長，以後還真得麻煩您多指點學弟啊，我剛畢業不久，還請您多多關照啊。」銷售人員的這些話，會一下子拉近與客戶的關係，減弱剛接觸時客戶的陌生感，讓雙方都有了親近感。這就是為什麼友邦保險青睞有教師、記者工作經歷的人的原因所在。注意，那是一個參照系，是要建立給客戶的參照系。這也是為什麼惠普高額收費服務合同的銷售人員都最好做過高級工程師的原因。

以一本《人性的弱點》聞名於世的戴爾·卡內基提出了人際關係的3大法寶：真誠地對別人感興趣、微笑的力量、記住別人的名字。在相關銷售培訓中，從細節入手，不斷對以上這3個法寶的應用進行訓練，其實就是提高右腦實力。

銷售過程中非常重視對客戶的提問，提問其實就是一種好奇，一種關注和關心，一種試圖解決問題的傾向。人們對善於提問的人的最初印象是，「既然你都考慮到這個問題了，那你一定有解決方案或者建議，否則你就不會提問了。」這就是右腦感知的結果。任何人都無法逃脫右腦的影響。在人際溝通中，有意識地用左腦思考並給予縝密回答的機會很少，相比右腦本能地回答和說話的人來說，左腦回答僅僅占15％的機會。所以，充分調動客戶的右腦，直到你確信建立了足夠的信任、相知以及認同以後，才可以控制客戶的思路向左腦轉移，這再次需要左腦實力來展示了。

B 透徹理解並應用人際關係之間的制約及牽制

烘托一種氣氛，建立一種標識的能力。只要客戶之間討論事情的時候，遇到一個涉及到標識的話題，就讓客戶自然想到銷售人員。比如贈送客戶中央電視臺春節晚會的現場票，堅持兩年。等到再過春節，客戶的幾個高層就會想到，這個銷售人員怎麼最近沒有過來了，潛臺詞是今年的現場票怎麼樣了——這就是一種標識。一個高級銷售顧問的右腦實力體現不僅可以透過稀缺資源來實現，也可以透過其他形式來實現。比如，華為透過提高高級銷售顧問對藝術的欣賞能力來實現。華為的做法是一種「知識和能力」層面的標識。實力體現，可以是以事、以藝，也可以是無形的比如華為的這種做法。

C 讓步、原因解釋

隨時讓自己可以自我解嘲，充分體現讓步。讓步是給客戶一

個感覺，注意：是感覺而不是邏輯思考。比如，客戶要求降價，並信誓旦旦地說：「只要你今天同意將價格讓步5％，就簽約。」此時，儘管你有這個許可權，也千萬不能立刻答應，因為此時並不是左腦作用，客戶並不是用左腦來思考的。一旦你同意，就陷入對方說「向領導彙報一下」的境地。所以，充分利用右腦對右腦：「我是真的想同意，我們也可以簽約了。這樣，如果你將訂貨量增加20％，我就冒著被經理撤職的風險同意了吧。」這就是典型的右腦力量。

總結：「全腦銷售博弈」的學術說法是LPRS，即左腦計畫，右腦銷售。對於大客戶關係，或者以大客戶為目標的銷售人員來說，要清楚地瞭解大客戶是左腦決策，右腦感覺。那麼，透過大客戶的右腦來建立一種牢靠的感覺關係，並透過滿足其組織利益來影響他們的左腦，從而決定向你採購。

如何鑒定銷售人員的全腦水準

如何鑒定銷售人員的全腦水準呢？基於項目組5年來對100位頂級銷售顧問的追蹤研究和所取得的成果，專案組精心開發了一套測試銷售人員全腦水準的平衡測試技術。

我們首先將開發出來的平衡測試技術應用到汽車行業的銷售人員身上。

我們認為，中國汽車行業的銷售人員最迫切的需要是在七個銷售技能之間達到平衡。下面，我們結合汽車銷售人員常遇到的客戶情況來解讀這七個銷售技能。這七個銷售技能是應對客戶購車時需要的全腦平衡的關鍵，分別是：

1 行業知識：對客戶所在行業在使用汽車上有廣泛的知識（左腦能力）。

2 客戶利益：對客戶在使用汽車如何獲得利益上有廣泛的瞭解和認知（左腦能力）。

3 顧問形象：確立被客戶感覺為汽車消費顧問的形象（左腦能力）。

4 行業權威：在汽車領域是否具有足夠的知識、是否獲得過汽車行業的某種稱號，以及所獲承認等（中性，取決於銷售人員的發揮、客戶的狀態，以及現實的銷售處境）。

5 溝通技能：經常讚揚客戶的觀點和看法（PMP），尤其是客戶對汽車的任何評價和觀點，從而建立良好的溝通方式（右腦能力）。

6 客戶關係：與客戶周圍的人有廣泛的、密切的關係（右腦能力）。

7 壓力推銷：強有力的言語給客戶造成購買是唯一出路的感覺，使用這種強有力的語言的能力（右腦能力）。

這七個銷售技能的水準可以透過包含21道題的問卷測試得到。得到的七個數值反應的是一個銷售人員在試圖影響目標客戶時這七個能力運用得如何。其中行業知識、客戶利益、顧問形象和行業權威都是可以贏得客戶信任的技能，溝通技能、客戶關係、壓力推銷是快速銷售的技能。掌握這七個銷售技能並且運用自如，是需要對銷售經驗不斷總結、不斷提升並不斷反覆應用到銷售實踐中的。以下是七個銷售技能在全腦平衡中應用情況的測試方法。

請按照下面提示認真做表12-1中的21道題：

1　每道題目中都有兩個英文字母，請分別給這兩個英文字母一個分數，但是，兩個字母所得的分數之和必須是3。如果你給a 2分，那麼b就是1分；如果給a 1分，那麼b就是2分；如果a 0分，那麼b就是3分；如果a 3分，那麼b就是0分。

2　所給的分數只能是整數。

3　請儘量按照真實的情況來給分。

表12-1

1	a =	客戶認為我非常瞭解他所處的行業，決定採購
	b =	客戶認為透過我的介紹，他更清楚如何讓汽車給他帶來利潤
2	a =	客戶經常向我諮詢一些汽車行業發展方面的問題
	b =	由於我擁有汽車行業方面的資格，因此客戶採購非常放心
3	a =	客戶的觀點總是在我這裡得到肯定，因此，建立良好的關係導致銷售
	b =	客戶周圍的一些人都在幫助我傳遞汽車的資訊，因此客戶決定採購
4	a =	客戶總是在我最後給出底價的時候決定採購
	b =	由於我認識客戶的供應商，因此客戶向我採購
5	a =	客戶的觀點總是在我這裡得到肯定，因此，建立良好的關係導致
	b =	客戶通常都是在優惠價格將要過期的時候才下決心

6	a =	客戶周圍的一些人都在幫助我傳遞汽車的資訊，因此客戶採購
	b =	客戶行業中遇到的問題我都瞭解，因此客戶向我購車
7	a =	對客戶來說，我可以非常好地回答如何使汽車有良好的回報的問題
	b =	客戶認為我非常瞭解汽車的行業知識，因此信任我
8	a =	客戶有複雜的問題總是首先向我諮詢
	b =	客戶的觀點總是在我這裡得到肯定，因此，建立良好的關係導致銷售
9	a =	客戶通常都是在優惠價格將要過期的時候才下決心
	b =	客戶認為我非常瞭解他所處的行業才決定購車
10	a =	由於我認識客戶的供應商，因此客戶向我採購
	b =	客戶認為透過我的介紹，他更清楚如何讓汽車給他帶來利潤
11	a =	客戶認為我非常瞭解他所處的行業，決定採購
	b =	由於我擁有汽車銷售行業方面的資格，因此客戶採購非常放心
12	a =	客戶認為透過我的介紹，他更清楚如何讓汽車給他帶來利潤
	b =	客戶總是在我最後給出底價的時候決定採購
13	a =	客戶認為我非常瞭解汽車的行業知識，因此信任我
	b =	客戶周圍的一些人都在幫助我傳遞汽車的資訊，因此客戶採購
14	a =	客戶經常向我諮詢一些汽車行業發展方面的問題
	b =	客戶認為我非常瞭解他所處的行業，決定採購
15	a =	客戶通常都是在優惠價格將要過期的時候才下決心

	b =	客戶認為我非常瞭解汽車產品的知識，因此信任我
16	a =	由於我認識客戶的供應商，因此客戶向我採購
	b =	客戶有複雜的問題總是首先向我諮詢
17	a =	客戶行業中遇到的問題我都瞭解，因此客戶向我採購
	b =	客戶的觀點總是在我這裡得到肯定，因此，建立良好的關係導致 銷售
18	a =	對客戶來說，我可以非常好地回答如何使汽車有良好的回報的問題
	b =	客戶許多與生意無關的重要決策也開始向我諮詢了
19	a =	我代表的公司在汽車行業中領先的地位使得客戶決定向我採購
	b =	客戶總是認為，我能給他們的觀點進行恰當的評價
20	a =	客戶經常向我諮詢一些汽車行業發展方面的問題
	b =	客戶總是在我最後給出底價的時候決定採購
21	a =	客戶認為透過我的介紹，他更清楚如何讓汽車給他帶來利潤
	b =	客戶的觀點總是在我這裡得到肯定，因此，建立良好的關係導致銷售

將每題得到的相應分數填寫到表12-2中。

表 12-2

行業知識	客戶利益	顧問形象	行業權威	讚揚客戶	客戶關係	壓力推銷
1a =	1b =					

		2a =	2b =			
				3a =	3b =	
					4b =	4a =
				5a =		5b =
6b =					6a =	
	7a =		7b =			
		8a =	8b =			
9b =						9a =
	10b =				10a =	
11a =			11b =			
	12a =					12b =
			13a =		13b =	
14b =		14a =				
			15b =			15a =
		16b =			16a =	
17a =				17b =		
	18a =	18b =				
			19a =	19b =		
		20a =				20b =
	21a =			21b =		

計算每一列的總分，將其填在該表的最後一行。並把所得分數圈在表12-3相應的數字上。之後將所畫的圓圈用直線連接起來。

表 12-3

18	18	18	18	18	18	18
17	17	17	17	17	17	17
16	16	16	16	16	16	16
15	15	15	15	15	15	15
14	14	14	14	14	14	14
13	13	13	13	13	13	13
12	12	12	12	12	12	12
11	11	11	11	11	11	11
10	10	10	10	10	10	10
9	9	9	9	9	9	9
8	8	8	8	8	8	8
7	7	7	7	7	7	7
6	6	6	6	6	6	6
5	5	5	5	5	5	5
4	4	4	4	4	4	4
3	3	3	3	3	3	3
2	2	2	2	2	2	2
1	1	1	1	1	1	1
行業知識	客戶利益	顧問形象	行業權威	讚揚客戶	客戶關係	壓力推銷

2004年4月，專案組成員用了兩周時間走訪了北京100餘家汽車經銷商，每家經銷商訪問約4人，共計400多人，對他們進行銷售技能的測試。不僅針對一些品牌車行的銷售人員進行測試，而且還特別對一些國產車行的銷售人員進行測試。從綜合分數來看，不同車行的銷售人員的實力有明顯的不同。有的車行的銷售人員充滿熱情，但缺乏銷售技能，完全沒有表現出任何銷售技巧；有的車行的銷售人員對產品的瞭解非常專業，潛在客戶聽到大量的專有名詞，而銷售人員還樂此不疲地滔滔不絕；還有的車行的銷售人員特別擅長使用壓力銷售方法，讓潛在客戶後悔走進這個車行；還有一些車行的銷售人員特別純樸，笨嘴拙舌，有一說一，客戶問什麼他答什麼，完全沒有任何主動銷售的跡象。

根據對汽車銷售行業的瞭解，以及收集的資訊分析，我們發現：銷售人員在開始汽車銷售前基本上都經過有計劃、有組織的培訓，各個廠商針對銷售人員的各種技能進行過不同內容、不同形式、不同目的、不同方針策略的培訓。不同的培訓當然導致銷售人員不同的技能水準，如下是一些廠商培訓的特點，以及測試的銷售人員全腦水準分佈特點的介紹。

豐田汽車

豐田汽車的銷售人員培訓屬於勵志型，感性的成功學說的繼承。豐田的銷售人員自豪地說，我們的培訓特別好，針對性特別強。當問到培訓的具體內容時，他們說不記得了，總之就是特別熱鬧。而他們的銷售水準表現明顯偏向於激情、渲染、鼓動的銷售技能上，似乎與豐田面對的主流潛在客戶的層次還是匹配的。豐田車在中國的主流客戶採購動機偏向感性，對質量盲目信任，

年輕人衝動型購車、貸款購車比例相當高，因此豐田銷售人員的熱情洋溢就是有道理的。這樣的銷售很難贏得高層次的潛在客戶的信任。在七個銷售技能測試上分數表現為零散、混亂、沒有主要特色，銷售水準處在符合潛在客戶水準的初級程度。

本田汽車

本田汽車的銷售人員培訓屬於流程型，強調正確的銷售流程會有正確的銷售結果，將銷售人員當作機器，嚴格要求按照流程標準去做。結束培訓以後的銷售人員在車行中的表現非常機械，不顧客戶的靈活問題，嚴格按照自己的思路來回答。當客戶詢問本田車的安全性能時，它們的銷售人員會說：讓我先講完本田車的經濟性能再來回答你有關安全的問題。

典型的工業文明標誌，系統流程決定一切。因此，他們在招聘銷售人員時並不希望有過高的學歷，也不主張銷售人員應該思考，針對不同的客戶採用不同的銷售風格。他們強調的是流程致勝，只要按部就班，銷售目標就可以達到。有一位汽車貿易集團的老闆對我們說，本田的培訓可以建立一支軍隊，但不能做銷售。因此，他們培訓完，我們還要將人員安排到捷達或者寶來的車行接受培訓以後才能回到工作崗位。

奧迪汽車

奧迪汽車的銷售人員培訓屬於理性型，強調銷售流程中的人為作用，理解銷售流程的道理，發揮銷售人員的靈活作用，強調銷售人員對客戶的判斷能力、關係的建立能力、關係的維護能力、簽約能力和售後服務能力。奧迪汽車銷售人員的培訓是一汽

大眾汽車銷售公司自己設計並實施的。它們沒有完全照搬德國的銷售流程，而是在德國銷售人員的培訓內容中融入了本土化的特點，結合一線銷售人員的知識水準、素質水準、能力水準執行行之有效的培訓。正因為如此，奧迪車行的銷售人員跳槽非常容易。在奧迪車行工作過，就相當於得到了汽車銷售行業中的清華大學文憑。也因此，奧迪車不僅在中高端市場中有良好的銷售表現，同時也有優良的客戶滿意度紀錄，這與銷售人員的有效、恰當水準的培訓內容密不可分。奧迪汽車銷售人員的7個銷售技能測試的高分明顯有特徵，幾乎都偏重在行業知識、客戶利益、顧問形象方面。符合它們面對的客戶層：追求服務，專業水準的理性認知。

通用汽車

通用汽車的銷售人員培訓屬於經驗總結型，傳授大量的銷售經驗，讓銷售顧問去體會，強調掌握客戶心理的能力、投其所好的能力。它們在7個銷售技能測試上也有明顯的傾向，在銷售溝通、客戶關係以及壓力推銷上有良好的表現。通用汽車銷售人員的培訓非常有特色，它們一貫的案例教學法對於知識水準平均但並不高的銷售人員來說還是奏效的。因此，它們的目標客戶群也形成了討價還價、吃吃喝喝的作風，似乎上不上酒桌就不能完成一輛車的銷售，導致汽車銷售庸俗化，低級趣味嚴重。不過，只要符合其銷售人員的水準，又符合目標客戶的喜好，這也沒什麼值得貶低和嘲笑的，反而應該給予支援和肯定，只要完成了銷售額，實現了銷售目標，就是英雄，就是好貓。

哈飛汽車

　　哈飛汽車的銷售人員培訓屬於初級普及型，停留在強調時間管理、產品特徵描述、熟悉產品性能的階段上。因為其銷售人員好像多數是從農機產品銷售轉型過來的，還是街邊小店的模式，因此完全談不上什麼銷售技能。測試反應也是凌亂、分散的，沒有章法。同樣，哈飛的價格定位以及市場分布的特點、購買人群的素質決定了他們的銷售人員不用具備大學學歷，鶴立雞群中的鶴對雞群沒有什麼好處。所以，如果可以實現對這些學習穿西服的農民的有效培訓，我們認為，他們在肩負並完成著一個偉大的、艱苦卓絕的歷史使命。他們在農業文明向工業文明邁進的最前線戰場，他們應該得到掌聲和尊敬的目光。

寶馬汽車

　　寶馬汽車的銷售人員培訓屬於隨機補充型。從其他廠商挖來了培訓顧問，這個顧問會什麼，就先培訓什麼，總之依靠產品本身的品牌完全可以銷售了。寶馬在全球的策略都是以挖其他競爭對手的優秀人才而著名的。華晨曾經給長春一汽的每個部長級以上的人都發過邀請加盟的信函，並將招兵買馬的擂臺設在長春一汽廠區的周邊。他們也非常重視銷售人員的銷售技能，他們以銷售過賓士、奧迪的人為優先考慮對象。寶馬的經銷商也秉承了其風格。奧迪培訓學院的一些重量級人物紛紛加盟寶馬，實際上也大大提高了寶馬銷售人員的銷售水準和技能。未來高端車之間的戰爭看樣子還是在這3個德國老對頭之間展開，只不過就是將戰場從德國轉移到美國，現在又轉移到了中國而已。

紅旗轎車

　　紅旗轎車的銷售人員培訓屬於通用型，它們傳授的銷售方法是從快銷品銷售引進過來的，強調壓力銷售，快速結束銷售過程。因為給他們提供銷售人員培訓的是一家依託清華大學的顧問諮詢公司，這家公司的強項就是快銷品的銷售研究。將快銷品的銷售技巧以及銷售理念平移到汽車行業，的確是有革命意義的創新。紅旗轎車的銷售人員比較偏向於壓力銷售，也因此，可以實現銷售目標，但客戶滿意度偏低。這是壓力銷售表現突出的一個必然後遺症。

　　綜述了國內7家不同車行的銷售人員的培訓風格，沒有詳細描述7個銷售技能到底如何影響銷售人員的銷售業績，如何影響潛在客戶的滿意度，如何影響銷售的速度和效率，如何牢牢控制了潛在客戶的忠誠度。其他如富康、馬自達、現代車行的銷售人員培訓流於形式的比較多，沒有特色，就不一一評價了。

　　下面，我們分別對7個銷售技能逐一介紹。

行業知識：理性能力，左腦實力

　　行業知識指的是銷售人員對客戶所在行業在使用汽車方面有廣泛的瞭解。例如，面對的潛在客戶是一個禮品製造商，而且經常要用車帶著樣品給他的客戶展示，那麼，他對汽車的要求將集中在儲藏空間寬大、駕駛時平穩等特點上。客戶來自各行各業，如何做到對不同行業用車的瞭解呢？其實，這個技能基於你對要

銷售的汽車的瞭解。比如，客戶屬於服裝製造業，那麼也許會用到汽車空間中可以懸掛西服而不會導致皺褶的功能。許多對客戶用車習慣的瞭解都是從注意觀察開始的。

行業知識不僅表現在對客戶所在行業用車的瞭解，還表現在對客戶所在行業的關注。比如，當你瞭解到客戶是從事教育行業的時候，你也許可以表現出好奇：「聽說，現在的孩子越來越不好教育了？」其實這不過是一句問話，但對客戶來說，這是一種獲得認同的好方法。當客戶開始介紹他的行業的特點的時候，你已經贏得了客戶的好感。僅僅是好感，就已經大大縮短了人與人之間的距離。汽車銷售中這樣的例子非常多，但是不容易掌握，關鍵是要學會培養自己的好奇心。當你有了對客戶行業的好奇心之後，關切地提出你的問題就是你銷售技能的一種表現。銷售中有效提問的技巧就是從這個技能上衍生而來的。汽車銷售的初期階段，應該以獲得潛在客戶的興趣為主要目標。在這個階段，不應該急於求成，不需要促成簽約。所以，當關注客戶的行業問題時，已經贏得了客戶的興趣，並開始從興趣向銷售中期的目標，即獲得客戶的信任發展了。

客戶利益：理性能力，左腦實力

向潛在客戶介紹產品有3種表達方法：特徵陳述法、優點陳述法、利益陳述法。所有的產品都有其獨特的特徵，是其他競爭對手的產品無法比擬的，但是如何用利益陳述法讓客戶印象深刻才是關鍵。在特徵、優點以及利益的陳述方法中，只有利益陳述法是需要雙向溝通來建立的。

利益陳述法要求：產品的某個特徵以及優點是如何滿足客戶表達出來的需求的。首先，需要確認你理解客戶對汽車的需求；然後，有針對性地介紹汽車的各個方面。如果客戶有跑長途的需要，那麼你不僅要有針對性地介紹發動機的省油特徵，還要介紹座位的舒適性，方向盤的高低可控性，以及高速路上超車的輕鬆感覺等。

確保客戶採購的汽車可以為他帶來他需要的利益是一種銷售技能，也是深入獲得客戶信任的一個有效方法。從獲得好感入手，逐步建立客戶對你的信任，直到建立一種可靠的關係才是銷售的終極目標。

在銷售中期，銷售人員與客戶之間的關係從敏感、防範向認可、信任過渡。並不是每個銷售人員都可以自如地獲得這樣的過渡的。如果沒有從客戶利益角度出發來陳述產品，客戶仍然會躲在自己的防護牆後面與你交流和溝通，這樣是無法延續應該繼續下去的銷售溝通的。

顧問形象：理性能力，左腦實力

顧問形象意味著不僅對客戶的行業有所關注和關心，而且理解客戶的利益，完全從為客戶提供建議的角度來介紹產品。比如，「如果您的駕齡不長，我建議您安裝倒車雷達。雖然又是一筆費用的開銷，但是，相比您在倒車時由於沒有經驗導致碰撞後所產生的維修費用這還是小錢。何況，嶄新的車碰撞了也心疼呀。」這就是顧問形象的有效應用。再比如，「根據對中國駕車者的研究，一年駕齡的駕駛者倒車碰撞的機會高達67％，所

以，您看有一個倒車雷達是多麼有幫助呀。」再比如，「您的駕齡時間長，一定可以理解四輪驅動對較差路面的通過性能是如何體現的吧。」注意，其中提到的對中國駕駛者研究的結果等都是在顯示作為銷售人員的你的顧問形象，你對相關知識的瞭解程度將支援你對客戶提供何種說明。

提供資訊供參考的作用是顧問的一個非常重要的角色，對駕駛經驗較豐富的人介紹四輪驅動的作用，表面上是介紹四驅，實際上是透露著對這樣的駕駛者的瞭解，也是一種顧問形象的展示。

如果你仍然不理解如何才能在別人眼裡成為一個理想的、合格的顧問，可以回憶一下，在遇到一些難以解決的問題時，你一般都向誰請教。找到這個人後，仔細回憶你為什麼將他作為你有問題時應該請教的對象？找到具體的原因，你就可以從這些地方開始模仿。除了模仿以外，還要不斷豐富各種知識，尤其是專業方面的知識，以及你的行業的各種變化。如果對這些變化再有自己的分析，從而形成自己的看法，那麼在未來潛在客戶面前的顧問形象就非常容易實現了。

行業權威：中性，全腦平衡點

前面3個核心技能多數是表現在層次、素質較高的潛在客戶面前的技能，後面將要解釋的3個核心技能主要用在層次、素質較低的客戶銷售過程中。可能你面對的客戶什麼類型的都有，而且，在銷售過程開展的較早階段，在還沒有判斷出該客戶的層次、素質高低時，應該全面掌握和運用這7個銷售技能。所以，

應該首先對這7個核心技能一視同仁，提升自己全面的銷售水準和技能。

但是，行業權威是一個中性的技能，無論潛在客戶的素質、層次在什麼水準上，都容易受到行業權威的影響。如果一個銷售人員在其從事的銷售行業裡有行業權威的稱號，那麼，這個銷售人員在影響客戶的採購決策方面比沒有這個稱號的銷售人員容易得多。這也是為什麼在西方一些國家的車行裡通常都會授予一些優秀的銷售人員此類稱號的原因所在，如汽車應用知識專家、客戶服務專家等。客戶獲知為自己服務的銷售人員是客戶服務專家的時候，更傾向於容易信任這位銷售人員。因為，有稱號的銷售人員就不僅僅是一個具體的人了，還帶有榮譽的成分。有榮譽稱號的人，在推進銷售的過程中更容易獲得潛在客戶的信任。

行業權威不一定是整個行業授予的，當然，如果是整個行業的國家級的認證會更加有效。但是，在還沒有一個國家級認證的時候，完全可以在自己的公司內展開，並逐漸形成、向國家認證標準推進。總之，受益的是銷售人員，但是受益更大的將是採取這個行動的企業。

在澳洲，最知名的汽車銷售集團對於內部優秀的銷售人員有常規的汽車知識競賽，獲獎者得到非常高的榮譽，而這些獲獎者之後的銷售業績也非常出色。這類型的知識競賽包括：與汽車相關的術語解釋（如ABS、EVBP等），汽車產品（包括競爭對手的產品）的價格細節（如任何附加配置的詳細價格和增加保修期的不同條款下的不同價格等），詳細技術性能（如材料、性能資料、規格、行業標準等），熟知所銷售汽車的與眾不同之處。該集團每年透過全公司的銷售人員競賽者授予5個卓越銷售人員的

稱號，此舉不僅確立了自己公司在行業內的聲譽，而且影響客戶更加信任該集團的銷售隊伍。

溝通技能：感性能力，右腦實力

任何銷售都非常重視溝通技能。溝通技能的提高不僅對銷售行為有促進作用，對周圍人際關係的改善也都有明顯的作用。在銷售核心技能中，這個技能被看成是一個非常重要的關鍵。

然而，溝通中最重要的不是察言觀色，也不是善辯口才，而是許多銷售人員可能都知道的答案——傾聽。的確，傾聽是溝通中一個非常重要的技能，但是，比傾聽更加重要、更加優先的應該是在溝通中對人的讚揚。因此，在測試銷售人員的時候，讚揚是銷售溝通能力中一個非常重要的指標和技能。

任何人都渴望成功，渴望實現自己的理想。關於成功學的圖書有1000多種，其中主要有3個流派：一個是最早的戴爾·卡內基，第二個是最有系統的拿破崙·希爾，第三個是比較現代的奧格·曼狄諾。雖然成功學的3個主要流派各有各的特點和長處，但是，在讚揚別人這一點上他們是共通的。甚至卡內基有專門的培訓課程來學習如何讚揚他人。該課程是一個7小時的課程，但是卻要求參與的學員透過半年的時間來實踐，從而徹底提升周圍的人際關係。

的確，在大量的培訓中引入讚揚他人的內容，給參加培訓的學員帶來實際的銷售業績的大幅提升，以及與客戶關係的本質改變。其實讚揚他人的本能一般人都有，但是缺乏有系統地運用在銷售過程中，以及與客戶的溝透過程中。銷售人員應該如何運用

呢？有3個基本的方法需要反覆練習和掌握。

1　讚揚客戶的提問、觀點、專業性

在客戶問到任何一個問題的時候，不要立刻就該問題的實質內容進行回答，而要先加一個溝通中的「鋪陳」。這裡說的鋪陳，就是我們上面提到的讚揚。例如：

客戶：「聽說你們最近的車都是去年的庫存？」（一個非常有挑釁味道的問話。）

銷售：「您看問題真的非常準確，而且資訊及時。您在哪裡看到的？」（最後的問話是誠懇地、真的想知道客戶是怎麼知道這個消息的。）

沒有參加過培訓的銷售人員多數回答是直接的，例如：銷售：「您聽誰說的？不是的，我們現在的車都是最新到貨的。」（客戶會信嗎？）

因此，首先應該知道，當你給予客戶的回答是讚揚性的語句時，客戶感知到的不是對立，而是一致性；而且當表示出真誠地關心消息來源的時候，客戶其實已經並不真的關心他問的問題的答案了，也基本消除了客戶在提問時的挑釁性質。

這是第一個基本方法，就是首先讚揚客戶的提問、客戶的觀點、客戶的專業性等。比如：「您說的真專業，一聽就知道您是行家。」「您說的真地道，就知道您來之前做了充分的準備。」「您的話真像設計師說的，您怎麼這麼瞭解我們的車呀？」透過培訓，可以要求大家反覆練習，並發揮自主的創造性，寫出更多

類似的讚揚的話。

2 承認客戶的觀點、看法、問題的合理性

第二個基本方法就是承認客戶的觀點、看法或者問題的合理性。比如：「如果我是您，我也會這樣問的。」「許多人都這麼問，這也是大多數消費者都關心的問題。」「您這一問，讓我想起了水均益（名主持人），他也是這麼問的。」這最後一句話特別好，不僅說明瞭客戶的問題是合理的，也暗示了水均益都是從我這裡買的車。

在我們過去的培訓中，許多學員都深刻領會了這個方法的好處，而且在以後的回饋中，我們也知道的確給他們的銷售業績以及客戶關係的改善帶來了明顯的效果，學員的回饋尤其指出，溝通中讚揚這個方法非常有用。被他們評價為五星級的技能。當然，也有學員是這樣回饋的：「孫老師，這3個讚揚的方法不僅提升了我的銷售業績，也大幅改善了我與客戶的關係，真的沒有想到會這麼有用。我現在已經對這3個方法掌握得爐火純青、登峰造極了。但有一次，我女朋友問我，『你愛我嗎？』我連想都沒想就回答道，『你這個問題，很多人都問過我。』剛回答完，我就意識到出問題了，不能這樣對女朋友回答。當然，後來我解釋了孫老師教的方法，沒有想到，她不僅完全理解，而且隨後就應用到了她工作的環境中。一個月以後，她被提升為銷售組長，而且業績同樣得到大幅提升。」

3 重組客戶的問題

第三個方法就是重組客戶的問題。重組客戶的問題可以增加

對客戶的理解，尤其是客戶會認為你在回答他的問題的時候比較慎重。比如：「你的這個車的內裝顏色選擇好像不是很多呀？」銷售人員的回答應該是這樣的：「您說的顏色選擇不多是您覺得沒有偏重深色，還是您更喜歡淺色呢？」這個回答重新組織了客戶的問題，在客戶看來，銷售人員的這個反問似乎是為了更好地回答客戶的問題才確認一下是否理解清楚了，而不是匆匆忙忙地迴避客戶的問題。

以上3個方法可以混合起來使用。從無意識地使用有效的溝通技能到有意識地使用，最容易出的問題就是不嫻熟、生硬，而且沒有理解這樣溝通其表象背後的實質，以致有的時候，會讓客戶覺得你是在吹捧他。其實，客戶永遠不會反感你的讚揚，他們反感的是你運用時表現出來的形式，如果用得不好，一定會讓客戶反感的。所以，在這裡給銷售人員兩個建議，尤其是在使用讚揚技巧的時候請一定要牢記這兩個建議：

第一個建議就是真誠。在讚揚客戶的時候一定要真誠。而真誠的表現形式就是眼睛，看著對方的眼睛，說你要說的話，用穩重的語調、緩慢的語氣、莊重的態度來說。

第二個建議就是要有事實依據。不能在讚揚客戶的時候言之無物，那樣當然會讓那些有防範心理的客戶看透你的。因此，要有事實為後盾。例如當你說「您問的這個問題真專業」之後，如果客戶有疑惑，或者你沒有把握客戶是否接受了你的讚揚，你可以追加這樣的話：「上次有個學汽車專業的研究生問的就是這個問題，我當時還不知道如何回答，後來查找了許多資料，還請教了這個行業的老師傅，才知道答案的。」這就是事實依據。

客戶關係：感性能力，右腦實力

　　一般以銷售為核心的企業注重客戶關係，偏重在維持長久客戶關係這種行銷手段上，從而可以不斷提升客戶的忠誠度，讓他終身成為自己的客戶，而且還不斷介紹新的客戶來。如果強調在銷售人員上，這四個字也更多地被用在鼓勵銷售人員為客戶提供更多更好的服務、一種非常貼近的服務態度上，以及如何有效促進以銷售為目的的客戶關係，如何透過掌控客戶關係來完成銷售，或者有效地透過客戶關係來影響客戶的採購決策。

　　為了促進銷售，努力完成銷售過程的客戶關係包括三個層次：第一個層次是客戶的親朋好友。來車行看車的人基本上沒有單獨來的，多數都是全家及朋友陪同前來。我們的銷售人員通常只注重購車者，而忽視與客戶同來的其他人。在此提醒，一定要重視客戶的親朋好友。第二個層次就是客戶周圍的同事。第三個層次就是客戶的商業合作夥伴，或者說是客戶業務的上游或者下游業務關係。

　　像購買汽車這樣較貴重的物品，任何一個消費者都不會單獨做最後的決策，他通常是首先請教他認為懂車的朋友，然後才會諮詢家庭成員的意見。有的時候，如果不是自己開車，還會徵求給自己開車的司機的意見。如果銷售人員只是簡單地將全部的銷售技能都用在購車者身上，實際上是忽視了銷售中影響客戶決策的客戶周圍的人。對於客戶來說，他更容易聽取他們的意見，而不是銷售人員的意見。因此，如果你可以成功地讓決策者周圍的人，尤其是不在你面前，而是在他們協商的時候，可以替你銷售的產品說話，那麼，你成功地取得訂單易如反掌。

　　為什麼客戶的商業夥伴有時候也是我們試圖影響的對象呢？

在澳洲，銷售完汽車以後，通常會在一周之內給客戶打一個電話，電話中表達三個意思：第一個意思就是，感謝客戶從我們的車行購車。這個做法實際上是向客戶表明，你與客戶的關係不是為了交易，而是從交易開始就有了關係了。第二個意思就是，新車開得怎麼樣？是否有其他需要幫忙的地方，或者申請牌照需要幫助，或者外出遠遊需要目的地的地圖等都是可以提供幫助的。這個做法的目的是，讓客戶感受到不是完成交易以後關係就結束了，應該是一個全新的關係的開始。這樣做的結果就是，70％的客戶在3年以後購買他們第二輛車的時候還會選擇同一家車行。另外就是保養、維修選擇這家的可能性也會加大，一輛車可以帶來的額外的價值也會回來。打電話的第三個意思，也是非常重要的一個內容，就是詢問客戶新車開得怎麼樣，有什麼感受、評價，或者全新的體會。收集到客戶的真實感受以後，每周篩選一次對車行的產品評價最好的評語和體會，將其抄寫在大紙上，匯總七八條，然後貼在車行顯著的位置。這樣做的目的是吸引其他新客戶訪問車行的時候，有機會看到老客戶的評價。這個辦法非常有效。經常發生的情景是，客戶不太信任這些都是真實的資訊收集，所以，一般會問多長時間更換一次。車行的人告訴他們一周一次，然後不等他們繼續問就主動邀請他們參觀以往的紀錄。有的時候客戶會比較認真地看，而且還會經常看到自己認識的人說的話。凡是發現有熟人名字的時候，他們通常都會去電詢問，這樣的客戶最終都會成為成交客戶。這就是客戶周圍關係的價值，透過其認識的、熟悉的人來影響他們對產品的信任，從而建立買賣關係。銷售人員必須學會如何與客戶周圍的人建立有效的某種關系，透過對這些關系的瞭解和影響來對採購者發揮影響

力，從而縮短銷售過程，向有利於自己的方向發展。

壓力推銷：感性能力，右腦實力

這一項技能在參加過測試的銷售人員中通常得分最低。經過調查以後才知道，他們一般都認為現在應該採用的是顧問式銷售法，而不是充分代表著傳統銷售方法的壓力推銷法。其實，由於客戶是完全不同的，絕對沒有哪一種方法對所有的客戶都適用，應該是針對客戶的不同類型，採用不同的銷售方法。目前在中國有許多銷售人員使用壓力推銷的方法還是非常奏效的。

壓力推銷更多地被認為是施樂公司最早採用的專業銷售技能的代名詞。也正是由於施樂對其銷售人員進行正規的、大規模的專業銷售技能培訓，才使得企業取得早期的快速成長。當然，後來其業績下滑一定程度上也與這個銷售方法不完全適用有關係。但是，中國的許多企業都是從一個極端走向另一個極端，從傳統銷售方法完全過渡到顧問式銷售方法，其實，這同樣失去了另外一種類型的客戶。

要理解壓力推銷是什麼，就必須要瞭解人性的弱點。因為，所謂專業銷售技能的理論發展是完全建立在對人性的透徹瞭解之上的：

- 所有人最擔心的是被拒絕
- 所有人最需要的是被接受
- 為有效管理他人，你必須以能夠保護或者強化其自尊的方式行事
- 任何人行事之前都會問：此事與我有何相干

- 任何人都喜歡討論對他們自己非常重要的事情
- 人們只能聽到和聽從他們理解的話
- 人們喜歡、相信和信任與他們一樣的人
- 人們經常按照不那麼顯而易見的理由行事
- 哪怕是高素質的人，也有可能心胸狹隘
- 任何人都有社會面具

　　銷售人員應充分利用客戶的心理狀態，有的時候這對某一類型的客戶是非常奏效的。例如，「免費贈送的活動這個星期就結束了，您開這輛車絕對體現您高貴的品質」，這些都是壓力的使用技巧。

 **銷售決勝點**

透過對7個核心銷售技能全腦應用平衡的測試，作為銷售人員，應該基本上知道你最薄弱的環節在哪裡，而且，可以有的放矢、有針對性、有意識、有目地訓練自己較弱的部分，做到全面提升銷售技能。當然，如果清楚瞭解自己產品的潛在客戶的特點，那麼也可以有效地強化某一個技能。透過一兩個技能的強化來快速贏得適應這個手段的客戶，也是企業取得銷售業績的一個重要的節省成本的有效方法。

附錄：輕鬆close訂單終極寶典

面對12種銷售困境，這樣回答，保證逆轉局勢，馬上成交！

1.客戶直接詢價，怎麼辦？

客戶：「這個34寸的高清數碼彩電多少錢呀？」

銷售：「這是最新款式的，3480元。」

客戶：「太貴了！能不能便宜一點？」

銷售：「這個是最新款的，不僅有最新的顯示技術，還有靜電保護技術、自動消除殘影技術，而且現在是長假，已經是最優惠的實在價格了，不能便宜了。」

客戶：「那我還是再看看吧。」

這樣回答是不正確的。在遇到客戶直接問價格的時候，第一反應應該是確認客戶瞭解這個產品之後才可以談價格。直接詢價的就是價格導向型客戶，在回答完價格以後，客戶必然的邏輯回答就是「太貴了」。這樣，銷售人員沒有任何解釋的空間，客戶也不給銷售人員機會來解釋產品的技術或獨到的領先之處。正確的回答應該是：

銷售：「您真是有眼光，您看中的可是現在最流行的、最新推出的款式，價格可不便宜，挺貴的！」

（此時，要暫停，將沉默留給客戶。客戶會急於追問「到底多少錢呀？」）

銷售：「就說您有眼光，這個34寸，3480元。」

此時，客戶的回答一定是以下兩種：

A客戶：「是不便宜。那麼為什麼這麼貴呢？」

B客戶：「3480就叫貴了？真是開玩笑，這不算貴。」

對於第二種回答，銷售已經贏得了這個客戶，對於第一種回答，正好給銷售人員一個解釋產品性能的機會，屬於順理成章。

要訣：客戶直接詢價後的答覆要知難而上，先說貴，等客戶繼續問貴是多少的時候，再回答具體的價格。

2.不瞭解客戶的情況，想知道，怎麼辦？

有一些產品的銷售不是快速成交的，比如汽車，客戶一般會到車行多次瞭解感興趣的車，交往中，銷售人員非常希望有機會瞭解到潛在客戶的職業。

一個客戶走進奧迪車行，一個銷售人員迎上來接待：

銷售：「您好，您來看車？喜歡哪個款式的？」

客戶：「比較喜歡A6，您大概介紹一下吧。」

銷售：「A6應該是第一部國產豪華型轎車，不僅品質可靠，動力性能好，安全性也是一流的。您是什麼公司的？」

客戶一愣，心想：我是什麼公司的與買車有關係嗎？於是，客戶回答：「不用管我是什麼公司的，您就介紹車就行了。」

銷售人員希望瞭解客戶的詳細資料，用於客戶離開後填寫客戶資料表，從而可以制定追蹤計畫。但是，客戶不願意回答這個問題，因為銷售人員的方法不對，正確的方法應該是：

　　……

　　銷售：「A6應該……安全性也是一流的。具體重點介紹哪個方面，還要尊重您的意見，我感覺您是律師吧？」

　　對銷售人員的猜測，潛在客戶一般有兩種可能的回答：

　　A客戶：「我不是律師，我是搞房地產的。」

　　B客戶：「我不是律師，不用問我是幹什麼的，從安全性開始介紹就行。」

　　第一種回答不需再追問了，因為許多人在否定了一個猜測之後的本能就是具體說出自己從事的職業。對於第二種回答，銷售人員必須給予一個妥當的解釋，比如：「您別介意，因為上周有一個客戶來買一輛A8，走的時候說他們集團的首席律師也要買一輛，說的就是今天這個時候，現在還沒有到。我看您氣宇軒昂的，還真的以為就是您呢。那您一定是媒體的首席記者？」周到的解釋給再次猜測提供了藉口，如果客戶接受了解釋，那麼在面對再次猜測的時候，幾乎沒有什麼抵抗，就會說：「我也不是做媒體的，我是做電視製作的。」

　　要訣：要達到瞭解潛在客戶身分的目的，有多種方法，以上介紹的方法是常用的試探法。

在客戶瞭解了準備購買的產品之後，多方請教，最後一次找了一個所謂行家的朋友一起來。這次，主要客戶倒沒有什麼疑難問題，但是這個朋友卻挑三揀四，挑釁性地問許多敏感問題，如：

銷售：「這款筆記型電腦的速度還是相當快的，何況我們的售後服務體系也很周到，畢竟是知名品牌嘛！」

朋友：「前兩天新聞說，你們準備減少保固維修點了。而且，對許多屬於產品品質的問題還在迴避，甚至服務熱線都撥不通，一直占線，是怎麼回事？」

銷售：「是有一些客戶故意找荐，屬於自己誤操作導致的筆記本無故當機，完全是不正當操作導致的，不屬於保固範圍，當然就不能維修了。」

朋友：「只要客戶有異見，你們都說是故意找荐，再說了，電腦這個事情，誰說得准，怎麼能相信你們呢？」

銷售人員無論怎麼解釋，潛在客戶的朋友就是不讓步，咄咄逼人，非要銷售人員無言以對才了結，最後的結果就是客戶也開始懷疑產品了。銷售人員的回答是錯誤的，正確的回答應該是有效使用鋪陳。

……

銷售：「您真是行家，這麼瞭解我們品牌的事情，而且，對於採購筆記型電腦特別在行，問的問題都這麼尖銳和準確。」

（此時要停頓片刻，讓潛在客戶以及他的朋友回味一下）然後，接著說：

「許多客戶都非常關心產品品質維修問題，當產品發生問題時，客戶的觀點是首先得到尊重和保障，我們要求國家工商部門批准的品質檢測部門鑑別產品質量問題的責任，一旦最後鑑別的結果是我們負責，那麼我們就承擔所有的責任。在產品送去鑑定的過程中，為了確保客戶有電腦使用，我們還提供一個臨時的筆記型電腦供客戶使用，您看這個做法您滿意嗎？」

要訣：尤其在客戶邀請軍師出馬的時候，就是發揮此功效時候。

4.客戶貨比三家，怎麼辦？

客戶在同類產品中反覆比較，不能最後決定，一旦其他企業推出全新產品，他又被吸引走了，但也沒有及時決策、採購。此時，說明銷售人員沒有贏得信任。

客戶：「諾基亞8210的手機電池有嗎？」

銷售：「我們是諾基亞的專賣店，不僅有8210的，所有的型號都有。」

客戶：「這個電池的待機時間多長呢？」

銷售：「待機時間是4天。」

客戶：「好的，那我再看看別的店。」

客戶到其他店裡看，銷售人員的回答幾乎類似，只是待機時間不同，比如，「我們的待機時間是120個小時」或者「我們

的待機時間是兩個星期」等，這些回答都是一個水準的，都沒有超越，讓客戶僅僅在時間上進行比較。高超的銷售人員是這樣回答的：

……

銷售：「您關注的待機時間的確是判斷手機電池好壞的重要指標，不過，買到好的手機電池不僅要看其待機時間，還要看其充電時間。我們這個電池的待機時間是72小時，充電時間是15分鐘。手機電池有許多種，不容易選擇，您多看看，多比較一下，然後，決定了再回來。」

此時，客戶再到別的店詢問時，一定是這樣的：

客戶：「這個電池的待機時間多長呢？」
銷售：「我們這個電池的待機時間是4天。」
客戶：「那麼充電時間是多長呢？」

由於這個銷售人員是第一次聽到這個問題，於是他只能說要看產品手冊，或者不知道。此時，在潛在客戶的頭腦中，率先提出充電時間的銷售人員贏得了客戶的信任。

要訣：在銷售對話的理論指導中，這就是銷售產品不如先銷售評價產品的標準。迅速在潛在客戶頭腦中建立一個牢固的先入為主的標準，從而限制他到處比價的能力。

潛在客戶已經充分瞭解了我們的產品，在決定購買前到競爭對手那裡去看了一下，回來以後問銷售人員如下問題：

客戶：「人家的那個冰箱不僅內部空間大，自動除霜，而且還特別省電。你們這個好像沒有這個特點呀。」

銷售：「其實也省不了多少電，關鍵還是保鮮和空間才是冰箱主要考慮的要點。」

這樣的回答並不能消除客戶內心的顧慮，他對於省電的疑問沒有得到真正的解決。有效的回答是這樣的：「您關注得真是非常仔細，我想請您思考一個問題，冰箱的主要功能是什麼？首先應該是保鮮，然後是可以存放多少整個家庭用的蔬菜、水果和熟食。如果為了達到省電的目的而降低冰箱的製冷溫度，導致保存的食品變質，那麼省電的意義何在呢？」

要訣：這個回答的關鍵就是讓客戶回到對冰箱最基本的功能的思考上，不要被競爭對手額外的產品創新吸引。在強調了產品的基本屬性之後，會贏得客戶的信任。

6. 客戶問題多多，就是不買產品，怎麼辦？

客戶在採購產品的過程中對產品有許多問題是正常的，而有一些客戶，他們的問題特別多，每次問完以後都要求考慮幾天，幾天之後，他們又有了新的問題。比如：

客戶：「35歲以後，這個生命保險的保費為什麼貴這麼多呢？」

銷售：「因為35歲以後，人體各個組成肌體的新陳代謝的效能開始降低，所以導致生病的可能性加大，從而增加了保險公司的賠償數量，所以保費有相應的提高。」

客戶似乎懂了，回去思考兩天後有了新的問題。

客戶：「那麼遇到交通意外，除了對方給的賠償外，保險公司還會理賠嗎？」

銷售：「對方給的賠償是責任賠償，保險公司給的賠償是您投保後按照合約正常支付的，完全是兩回事。所以，還是會理賠的。」

客戶又思考兩天後，繼續有問題。

客戶：「我又想到一個問題，如果人失蹤了，你們如何理賠呢？」

銷售：「按照公司的規章制度，失蹤在經過公安機構的確認後一段時間後，當作生命意外死亡處理，也是會理賠的。」

客戶兩天後會再有新的問題，對於這樣的客戶，銷售人員不應該每次都給予明確的回答，應該在第一個問題時，就這樣回答：「所有有關保險的疑問都在我們的問答手冊中，有關保險合約也是最嚴密的，是從保護投保人和受益人的利益出發的，您現

在是在比較和選擇階段，應該多親自瞭解，我的回答如果沒有落實在白紙黑字上，也不具有法律效應的。所以，您的問題都可以在書面上找到答案，請以書面解答為準。」

要訣：有關這個回答的理論解釋可以支持這個說法，這是銷售策略問題。要求客戶在尋找、比較產品時，投入一定的成本。

7. 客戶不信任銷售人員，怎麼辦？

客戶：「剛才您介紹的 iPod 的電池壽命真的可以用 3 年嗎？」

銷售：「您看，說明書上有詳細的電池壽命的說明。正常使用情況下，充電次數為 5000 次，在您一天最多充電 4 次的情況下，就是 1250 天，差不多 4 年呢。」

客戶：「可是你們這個產品剛推出不到半年，怎麼就知道可以用 3 年呢？」

銷售：「一個產品推向市場都是經過大量的測試的，也是經過國家的檢驗的，您就放心吧。」

客戶：「如果電池不到 3 年就無法充電了，你答應給免費更換嗎？」

銷售：「如果產品過了保固期，更換要收費的，保固期是一年。」

客戶：「所以，還是不一定保證可以使用 3 年。」

此時銷售人員已經沒有足夠的理由來讓客戶信任了，客戶有各種各樣的疑問其實是非常正常的事情。導致客戶懷疑產品品質、技術特點的主要原因是銷售人員在介紹產品時沒有應用 FAB

（特色、優點及利益，簡稱「特優利」）的技巧。如果應用FAB技巧，在客戶提出問題時，銷售人員的回答應該是這樣的：

銷售：「所有小型電器產品，尤其是移動類型的產品，如iPod這樣的MP3播放機的主要挑戰就是電池的性能。在美國，許多消費者最在意的就是這款隨身聽的電池耐久性。在產品推向市場之前，經過大量的試驗，尤其是抗衰減測試，現在的內置電池已經比以前的性能提高了百倍，可以支援5000次以上的充電。一般一天充電4次的話，可以使用1250天，將近4年的時間。許多用戶使用4年以後，也到了更新換代的時候，如果仍然繼續使用，我們提供成本價更換電池的服務，這才是品牌產品的獨到之處。」

要訣：有效應用FAB的產品介紹技巧是關鍵。要掌握陳述產品對消費者利益的部分，而不是滔滔不絕地講產品特徵。

8.客戶就要便宜，怎麼辦？

客戶：「您也別說那麼多了，再給我打3折，我現在就買。」
銷售：「好吧，那我就再給您打3折，打折後共是1590元。」邊說邊開票。
此時，客戶立刻說：「您先別開票，我帶的錢也不多，再說我還要與我家人商量一下呢。」

結果導致銷售人員提供了進一步便宜的價格，客戶仍然沒有立刻購買，這就是錯誤地回答的結果。正確的回答應該這樣：

……

銷售：「您是說說而已吧，我就是給您再打3折，您也不會立刻就買。」

客戶：「不會，您看這是現金，一共2000多塊，您再打3折，我就付款。」

銷售：「這樣，您先付一下訂金，我沒有權力給您再打3折，您付了訂金，我去請示經理，他如果不同意，我就把訂金退還給您，您看行嗎？」

客戶：「您先去問，問好了回來我就直接買了。」

銷售：「我就說打了3折您也不會買，再說了，如果沒有收到訂金，我去找經理談，好不容易談下來，您又變卦了，我沒法交待。您還是再考慮考慮吧。」

客戶：「那行，我先給您100，您去問吧。」

銷售人員在收到100元後，離開片刻，回來時，同意客戶的3折，客戶由於交了100元的訂金，所以不會損失這100元而改變主意，因此成交。

要訣：在對話中首先控制自己的主動權，當主動權在手時，就有控制和影響能力。

9. 客戶對產品缺乏足夠的興趣，只能做簡單的價格比較，怎麼辦？

這種情況經常發生在大型賣場中。客戶計畫採購冰箱，因此到賣場來尋找符合內心期望的產品。但是，客戶並不瞭解產品，一般都是先看標價，透過標價來判斷產品的品質以及其他參考

值。客戶走過展台前，銷售人員一般都是吆喝式地叫賣：

「我們的冰箱獲得了國際大獎，同時還是環保冰箱，不僅節能，而且沒有污染，省電、保鮮……現在趕上國慶長假不僅打折還有優惠，現在購買還會送禮品，價格也是最低的，長假結束後，肯定就不是這個價了……快決定吧。」

客戶聽都不聽，快速離開展台。

有效的策略使用在溝通上，應該是這樣：

「不能自動除霜非常麻煩吧」「不能自動製作冰塊不方便吧」「冷凍空間太低總是彎腰挺累吧」「冷藏的魚蝦拿出來的時候凍得太硬吧」「冰箱裡總是有異味吧」「有時候不記得冰箱中有什麼了吧」……這些都是消費者在使用冰箱時可能會遇到的大大小小的各種問題。當潛在客戶聽到自己熟悉的、遇到過的問題時，會停下腳步認真聽銷售人員的話。此時，銷售人員就可以順便引導到產品利益方面。

要訣：行銷中的名言是「問題是需求之母」，只要有效陳述潛在客戶看到的、聽到的以及使用中感受到的產品問題時，客戶一定會有興趣。

10.客戶之間意見不統一，夫妻對採購有爭議，怎麼辦？

妻子：「我還是喜歡珠江牌的，星海是北京的。」

丈夫：「其實，我們也不懂，人家這位專家挺懂的，再說我

覺得星海也是老牌子了，肯定不錯。」

妻子：「那珠江還出口到德國呢，要是品質不可靠，怎麼可能出口呢？」

星海鋼琴的銷售人員面對眼前兩個有爭議的客戶，不知道應該在哪裡插嘴，以及如何調和。多數銷售人員此時會試圖勸說妻子，因為妻子的意見不傾向自己銷售的產品，比如：「劉女士，其實珠江牌鋼琴主要是離香港近，出口都是一些港商辦的，星海在國際上也獲得了一些品質獎，也是過關的。何況你們也來了幾次了，要不，如果你們決定買的話，我再向經理爭取多給你們一些折扣，您看如何？」

銷售人員沒有其他的技巧，為了獲得客戶，只能透過主動降低價格的方法，實際上，這種降價的方法卻是事與願違。其實，面對客戶之間的矛盾，銷售人員有很好的機會來把握銷售。

銷售：「先生，您聽我說兩句，其實，您太太也是好意，考慮買一架可靠的鋼琴，免得日後維修、保養麻煩。珠江的確也是相當好的品牌，不過對於北方來說，珠江採用的琴木是楠木，在南方潮濕的氣候條件下沒有問題，北方乾燥的氣候不一定適應。星海是北京的鋼琴廠，1949年就製作鋼琴了。總之，買一架好的鋼琴都是為了體現愛心，對下一代的期望。買北京的琴呢，日後的維護、保養都方便，將來肯定是太太在家陪孩子練琴的時間多，先生的好意是買一架好琴以減少日後的麻煩，其實都是為了有一架可靠、放心的琴呀。劉女士，您說呢？」

聽了這番話後，有爭議的兩個人都理解了對方，從而決定採購星海牌鋼琴。

要訣：在面對夫妻採購意見不一致時，最好的辦法就是巧妙撬動他們之間的感情，互相體貼的考慮就是加強他們共同認可銷售人員的機會。

11.客戶接聽電話後，話沒有説完，就要掛斷電話，怎麼辦？

銷售人員撥通電話：「先生您好，這裡是國際知名IT品牌××個人終端服務中心，我們在做一個市調研究，您有時間讓我問您兩個問題嗎？」

客戶：「你講。」

銷售：「您經常使用電腦嗎？」

客戶：「是的，工作無法離開電腦。」

銷售：「您用的是桌上型電腦還是筆記型電腦？」

客戶：「在辦公室裡用的是桌上型電腦，在家裡就用筆記本電腦。」

銷售：「我們最近的筆記型電腦有一個特別優惠的促銷活動，您是否有興趣？」

客戶：「你就是在促銷筆記型電腦吧，不是做市調吧？」

銷售：「其實，也是，但是……」

客戶：「你不用說了，我現在對筆記型電腦沒有購買興趣，因為我有了，而且，現在用得很好。」

銷售：「不是，我的意思是，這次機會很難得，所以，

我……」

電話銷售經常需要面對陌生人，讓陌生人能夠繼續聽銷售人員的話的主要訣竅不是推銷產品的話說得多麼流利，也不是口氣多麼甜美，對於一個接到陌生推銷電話的人來說，防範以及敵意是第一位的。因此，對於銷售人員來說，關鍵是贏得信任。××電話呼叫中心對銷售人員培訓的結果就是編造以做調查為藉口來進行電話溝通，其實，聽到第二句話就已經知道是推銷電話了。請看以下方式：

銷售人員撥通電話：「先生您好，我是國際知名IT品牌××個人終端服務中心的，您一定奇怪我是怎麼知道您的電話的吧？」

客戶：「你有什麼事情？」

銷售：「我們的資料庫中有您的紀錄，您對筆記型電腦特別有研究，而且不是一般的研究。」

客戶：「你到底有什麼事情？」

銷售：「這個電話就是想徵求您的意見，如果對現在使用的筆記型電腦有不是特別滿意的地方，就告訴我們，我們會支付您報酬，因為我們特別需要像您這樣的筆記型電腦專家說明我們改進產品性能。」

客戶：「噢，這樣呀。您是誰？」

銷售：「我是××的王麗娜，您肯定沒有太多的時間來寫，如果您有三言兩語，隨便說一下，我記錄，然後就可以參加評比了。您如果現在沒有時間，我們換一個時間也行，您看呢？」

這個環節的過渡就非常有效。

要訣：緊緊抓住潛在客戶說的任何主題，建立關聯度，向對銷售人員有利的方向平順過渡才可以贏得客戶的理解和尊重。

12.客戶藉口說現在太忙，怎麼辦？

客戶在索取了有關友邦保險的5年期兩全保險的資料後就沒有聯繫了，因此，銷售人員主動給客戶打電話瞭解客戶的具體要求。

銷售：「李先生您好，上次給您送的保險資料都看過了吧。」

客戶：「看過了！」

銷售：「有沒有什麼具體的問題，我能否幫您呢？」

客戶：「不用，我基本瞭解了，我現在挺忙，等有時間我再給您電話，可以吧。」

銷售：「我是考慮您，保險主要保的就是意外。如果您特別忙，說明經常在外，安全係數就比較低。如果投保了，對家人總是一種安慰，您說呢？」

客戶：「我知道，現在不說了，我還在開會，確實太忙，我一定給您電話的。」

客戶掛斷電話。一般銷售人員還有一些技巧，比如承諾客戶說，「只要5分鐘，5分鐘如果可以獲得一個妥當的保險還是值得的，我們上門，一點都不添麻煩，您忙我們等著您」，或者類似的話語。要知道這些話語都不足以打動一個忙碌的生意人。要從

核心實質上打動客戶：

......

銷售：「我知道您肯定特別忙，不然您就給我電話了。我這個電話的意思是，我們友邦有一個精神，那就是不能由於客戶忙而耽誤了客戶感興趣的保險，不能由於您忙而讓您無法享受我們的優質服務。這樣，我們約一個時間，我過來。」

客戶：「您過來呀？我還在開會呀。」

銷售：「不要考慮我，您開會，我等您。友邦的精神不能在我這裡停滯，您說地點吧。」

客戶：「不行呀，這個會完了，立刻就要走，肯定沒有時間與您談。」

銷售：「我們不用談，5分鐘就夠，實在不行，我與您的祕書具體談一下也行，其實我都已經在路上了，我先核對一下您的公司地址是......」

客戶：「都已經在路上了？那好吧，地址是......」

要訣：應對繁忙的客戶首先要強調要求的時間是短暫的，其次要強調已經採取行動了的時間壓力，從而獲得邀約的成功。

用對腦 賣什麼都成交： 輕鬆CLOSE訂單的30條左腦右腦換位銷售術

作　　　者——孫路弘
主　　　編——王瑤君
封面設計——張巖
美術編輯——李宜芝
製作總監——蘇清霖
董 事 長
總 經 理 ——趙政岷
出 版 者——時報文化出版企業股份有限公司
　　　　　　一〇八〇三台北市和平西路三段二四〇號七樓
　　　　　　發行專線—（〇二）二三〇六-六八四二
　　　　　　讀者服務專線—〇八〇〇-二三一-七〇五、（〇二）二三〇四-七一〇三
　　　　　　讀者服務傳真—（〇二）二三〇四-六八五八
　　　　　　郵撥—一九三四四七二四時報文化出版公司
　　　　　　信箱—台北郵政七九～九九信箱
時報悅讀網—http://www.readingtimes.com.tw
法律顧問—理律法律事務所 陳長文律師、李念祖律師
印　　　刷—勁達印刷有限公司
初　版一刷—二〇一七年十月二十日
定　　　價—新台幣三三〇元
行政院新聞局局版北市業字第80號
（缺頁或破損的書，請寄回更換）

時報文化出版公司成立於一九七五年，
並於一九九九年股票上櫃公開發行，於二〇〇八年脫離中時集團非屬旺中，
以「尊重智慧與創意的文化事業」為信念。

國家圖書館出版品預行編目資料

用對腦 賣什麼都成交：輕鬆 CLOSE 訂單的 30 條左腦右腦換位銷售術 /
孫路弘著 . -- 初版 . -- 臺北市：時報文化 , 2017.10
　　面；　公分
ISBN 978-957-13-7166-5(平裝)

1. 銷售　2. 銷售員　3. 職場成功法

496.5　　　　　　　　　　　　　　　　　106017375

ISBN 978-957-13-7166-5
Printed in Taiwan